Intelligent Product Interaction Design Driven by Integrated Innovation:
from Concept to Completion

整合创新驱动下的智能产品交互设计
方法与应用案例

张帆　王涛　崔艺铭 / 著

中国纺织出版社有限公司

内 容 提 要

本书聚焦实体产品交互设计（TEI），从产品功能、应用技术、使用场景、交互方式、外观形式五个方面讲解了未来智能产品的整合创新设计路径，推荐了多种交互设计灵感与构思方法，并通过可穿戴、服饰、家居等领域的智能交互产品设计全流程案例展示如何将该方法进行应用。该书基于新理念、新结构、新模式、新质量、新体系的新工科教学与实践发展目标，响应工业设计学科整合创新的未来发展需求，对工业设计、产品设计人员及相关专业学生有一定参考价值。

图书在版编目（CIP）数据

整合创新驱动下的智能产品交互设计：方法与应用案例 / 张帆，王涛，崔艺铭著 .-- 北京：中国纺织出版社有限公司，2022.9
ISBN 978-7-5180-8443-2

Ⅰ.①整… Ⅱ.①张… ②王… ③崔… Ⅲ.①智能技术 — 应用 — 产品设计 Ⅳ.①TB472

中国版本图书馆 CIP 数据核字（2021）第 048824 号

ZHENGHE CHUANGXIN QUDONG XIA DE ZHINENG
CHANPIN JIAOHU SHEJI：FANGFA YU YINGYONG ANLI

责任编辑：朱利锋　　责任校对：江思飞　　责任印制：王艳丽

中国纺织出版社有限公司出版发行
地址：北京市朝阳区百子湾东里A407号楼　邮政编码：100124
销售电话：010 — 67004422　传真：010 — 87155801
http：//www.c-textilep.com
中国纺织出版社天猫旗舰店
官方微博http：//weibo.com/2119887771
北京华联印刷有限公司印刷　各地新华书店经销
2022年9月第1版第1次印刷
开本：787 × 1092　1/16　印张：9.75
字数：112千字　定价：128.00元

序

　　进入21世纪的第二个十年，工业4.0席卷全球，全球制造业经历机器制造、电气化与自动化、电子信息三个阶段后，进入智能阶段。云计算、深度学习、大数据、图形处理器等技术的发展标志着人工智能时代真正来临。设备之间的连接技术从互联网发展到移动互联网，再到现在以及未来的人、物、环境形成的万物联网、万物智能。

　　约翰·麦卡锡对人工智能的定义：一项研究如何制造具有智能的机器的科学理论和工程技术。智能机器即具有某种类人智慧的智能体（intelligence agent）。人工智能及其相关前沿技术的快速发展正在深刻影响着产品设计。技术只有转化为产品，才能改变人们的生活。过去，所有产品的交互都需要由人来发起，人机交互是产品设计重点关注的领域。而现在，以人工智能和大数据为核心的智能产品可以主动发起交互行为，人与智能产品的交互界面在逐步消失，智能数据驱动下的产品革命将全面改变人的生活方式。因此，智能产品与传统工业产品设计的主要差异点在于人机交互，其交互模式和场景都发生了巨大的变化，并意味着用户无法以过往经验判断在与智能产品交互过程中产生的行为、代价、期望、回报。一方面，交互的载体正在被颠覆，硬件与软件、现实与虚拟、有形与无形的边界逐渐消失，更多新物种将以突破用户常规认知的形式出现在万物皆"屏"的未来；另一方面，交互的方式被重新定义，手势、体感、语音、生理信号等多通道的人机交互，取代了早期命令行、键盘输入的单一通道人机交互。

　　智能产品设计面临的挑战主要在于智能技术在人机交互过程中如何满足用户体验需求。正如人本人工智能（human-centered AI）观点提出的，要站在"以人为本"的视角重新审视人工智能技术，将传统电子产品设计得更加自然和接近于人的本能，遵循"以人的影响为指导，辅助和增强人类"的准则。另外，传统的关注智能产品性能的机器思维，有必要被转换为对用户、环境、商业等非技术因素综合考虑的设计思维。人工智能在未来会渗透到各个方面，并逐渐改变这个世界。智能产品如何满足用户体验需求？智能技术如何根据应用场景衍生出"新物种"？人工智能时代的设计师如何突破现有设计技能分工？

2018年，我牵头申报的北京市高水平师资团队建设项目获得资助，该项目聚焦通过探索新技术设计转化的创新路径培养一支优秀的教学队伍，目的是通过科研培养教师掌握设计与科学、工程、艺术等系统性交叉、融合、创新的设计方法，并将这一方法和立德树人的根本任务紧密结合，为国家、社会和产业培养更多的创新型设计人才。该书是北京市高水平师资团队建设项目的重要研究成果，经过子项目组为期三年的设计研究与试验探索，构建出一套行之有效的智能产品整合创新设计技术路径，能够深入指导创新交互设计方法的研究与应用。

该书聚焦智能实体产品设计，希望向读者介绍一种在整合创新理论框架下的交互设计思维方法，并提供尽可能多的智能产品设计实例。该书主要从两个角度展开。第一，整合创新理念下的交互设计理论，第一章介绍了整合创新设计理念与创新要素，并在第二章介绍了这一理念下的交互设计思维方法。第二，围绕智能穿戴、智能出行、智能家居领域，展示前沿交互设计实例，分别在第三~第五章中介绍。案例中详细阐述了整合创新理念下的设计思路、过程、效果，探索不同领域和情境的智能产品交互与体验。

本书的写作团队主要来自北京市高水平师资团队建设项目的交互技术与创新设计子项目团队成员。张帆、王涛、崔艺铭、苏艺是该子项目的骨干成员；同时，北京服装学院杨九瑞、关键等，浙江大学姚玎，中国科技馆王剑，新加坡国立大学刘馨等参与了该书设计实践部分的编写，并给出了宝贵意见；部分本科生和研究生参与了该书图片整理、排版工作。从人员结构上充分体现了学科交叉、产学研融合的特点，也体现了该项目"科研反哺教学、师资培育带动教学能力提升"的主旨目标。张帆长期以来聚焦智能技术在产品设计中的应用、计算机辅助设计等方向，对智能产品交互与体验设计研究有广泛而深入的实践经验；王涛从事首饰与虚拟时尚方向教学，从艺术与科技融合的视角进行探索；崔艺铭从事服务设计研究，将服务设计的流程方法应用于交互设计；苏艺专注于产品创新设计思维、流程与方法。本书中介绍的研究成果充分体现了整合创新设计研究以及设计实践的观察和思考。

智能产品交互设计是一个发展中的主题，诚挚邀请读者对编写中的疏漏提出宝贵意见，共同推动这一领域的发展。

北京服装学院学术委员会主任

北京服装学院研究生院院长

中国工业设计协会副会长   兰翠芹

北京设计学会副会长

目　录

整合创新下的
交互设计概述

开 1

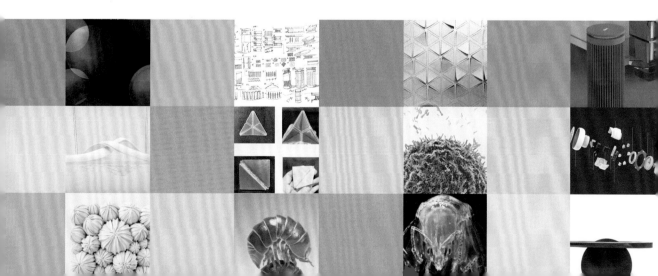

1.1

整合创新设计方法

1.1.1 整合创新设计背景

软硬件技术的不断革新、消费跨越式升级以及用户生活方式向品质、绿色、健康、智能转变过程中带来的新需求，促使设计与技术、商业、文化等因素的多元融合发展。

软硬件环境在改变：未来三十年，人类社会走进万物感知、万物互联、万物智能、万物皆屏的时代，智能技术、数字技术成为经济增长新动力，助力城市发展与产业转型，全面提升消费体验。从使用命令行界面、图形界面个人计算机的互联网时期，到使用智能手机、平板的移动互联网时期，再到使用可穿戴、VR、AR等设备的物联网时期，个人设备从有屏幕的固定台式计算机跨越式发展到万物皆屏的智能软硬件。设备的发展驱动用户行为、习惯变化。早期用户使用台式计算机收发邮件、浏览网页；现代用户使用智能手机随时随地传输文件、购物、看视频，智能手机已实现了计算机的大部分功能；未来用户则不再受时间、空间限定，身体佩戴的设备、环境介质的设备都将具有强大运算能力，用户可以佩戴AR眼镜边走路边浏览邮件，边运动边观看视频。软硬件设备的变化，促使人与设备之间的交互方式也发生改变，在未来万物皆屏时代，传感器、图像识别等技术支撑手势、肌电、脑电、眼控等多种非触摸交互模式，突破传统的点击键。

生活方式发生了改变：从传统线下购物到使用App随时随地线上购物，线上购物的形式越来越多元化，Amazon引领了智能语音购物模式，具备快速结账、展示评论等功能，淘宝尝试了VR购物体验模式，用户可以身临其境地到美国梅西百货采购轻奢商品、到日本秋叶原购买数码产品。支付方式从现金支付到在线支付，支付宝推出了无人贩卖机，用户刷脸后自动在绑定的支付宝账号付费。从交通出行方式角度，共享单车、共享汽车、无人驾驶等模式正在引领人们的生活。从服务业角度，用户从餐厅、咖啡厅、书店等购买食品、咖啡、书籍产品，到根据自己的需求到线下店面获取环境和服务。

设计模式正发生着巨大变化，从传统的设计外观因素创新模式进化到整合创新设计模式：从设计走向设计思考，从设计的组织走向组织的设计，从外观造型走向商业策略，从功能产品到体验蓝图，从单一问题到系统整合，从在空间中的设计到设计时间，从为顾客创造到与顾客一同创造，从创造产品进化到产品与人的关系，甚至人与人的关系。在设计的内涵、策略、组织形式等发生变化的背景下，设计师通过整合思维进行设计创新，其创新设计内涵包括以下几方面：

（1）设计对象的改变。从"产品"逐渐转变为"产品、服务、系统、体验"。

（2）设计面临问题的复杂化。技术更新加快，新材料、新技术涌现，消费者需求不断被激发，设计需要综合考虑多个方面。

（3）获取用户需求方式的改变。由被动设计调研，转变为分析个体用户留下的显性和隐性需求。

（4）设计模式的改变。从专业设计师设计，到众人协同参与创造，专业设计师和业余设计人员均可参与，从依赖设计师个人经验和天赋到群体创新的改变。

（5）设计工程的改变。随着新材料技术、计算机辅助设计技术、数字化加工制造技术的发展，设计工程限制大大降低，设计师可以在更广阔的空间发挥创造力。

1.1.2 整合创新设计概念

设计整合创新是指利用并行的方法把各创新要素、创新能力和创新实践整合在一起，通过有效的创新实践方法，创造新的产品、系统、服务模式体验，产生新的用户价值和市场竞争力。创新要素包括设计、技术、商业、用户、文化等。整合创新设计需要整合思维，整合是指将各种不同的元素有机结合为一个整体，整合思维本质上是一种综合解决问题的模式。

整合创新与技术创新的区别在于，整合创新不是只关注技术本身，而是以用户的需求作为推动力。在技术发展不断加速的全球化时代，整合创新对于中国企业既是挑战，也是机遇。企业整合创新关键在于创新的持续融合，通过并行的方法，将横向、纵向乃至企业和产品生命周期各个组成部分的创新主体、创新要素、创新能力等整合起来，充分利用团队协作，形成开放、交互的创新系统和持续的核心竞争力[1]。

1.1.3　整合创新设计要素

工业设计与交互设计的发展大致可以分为五个阶段，如图1.1所示。第一阶段，18～19世纪工业革命过程中，制造能力快速提升，"设计"第一次从制造业中独立出来，工业设计行业开始出现。美国工业设计师协会（IDSA）定义工业设计是一项"以用户和制造商的共同利益为目标，优化产品功能、价值和外观的专业服务"。第二阶段，1968年，"演示之母"计算机的出现带来图形用户界面、鼠标以及超文本，图形用户界面驱动个人电脑的发展，是将设计引入软件开发的关键催化剂，倡导以人为本、提升可用性与可访问性。IDEO创始人比尔莫格里奇表示：不应只设计产品造型，还应关注用户使用软件的体验，并提出交互设计概念，它区别于传统工业设计，更关注数字和交互体验。第三阶段，Web的出现加速了信息革命，美国计算机

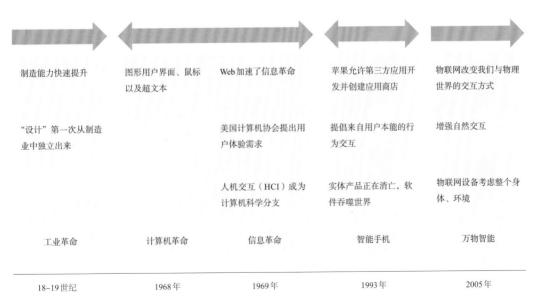

制造能力快速提升	图形用户界面、鼠标以及超文本	Web加速了信息革命	苹果允许第三方应用开发并创建应用商店	物联网改变我们与物理世界的交互方式
"设计"第一次从制造业中独立出来		美国计算机协会提出用户体验需求	提倡来自用户本能的行为交互	增强自然交互
		人机交互（HCI）成为计算机科学分支	实体产品正在消亡，软件吞噬世界	物联网设备考虑整个身体、环境
工业革命	计算机革命	信息革命	智能手机	万物智能
18～19世纪	1968年	1969年	1993年	2005年

图1.1　工业设计与交互设计发展

协会（ACM）提出要考虑用户体验需求，成立人机交互专门兴趣小组SIGCHI，人机交互（HCI）成为计算机科学的分支。第四阶段，苹果公司摆脱传统运营商，创造了新的商业模式，允许第三方应用开发并创建应用商店，在其中提供一致性的用户体验。提倡拟物设计，模仿实物的交互方式，以及来自用户本能的行为交互。此时，实体产品正在消亡，软件吞噬世界。第五阶段，物联网，设备利用内置传感器和网络，改变我们与物理世界的交互方式，增强自然交互，突破大屏手机的局限。智能手机设计师主要考虑指尖，而这些物联网设备考虑整个身体、环境。

工业设计的边界不断延伸，从传统的工业设计1.0时期注重产品外形设计，到2.0时期的功能设计为核心、形式追随功能，再到3.0时期的科技设计，最后到4.0时期注重用户体验、以人为本的社会设计，如图1.2所示。因此，工业设计领域提出大设计（Big Design）概念，创新不仅限于实体产品设计，还包含虚拟产品设计与服务设计，创意不仅限于设计阶段，还包括宣传、销售、配送、回收等接触消费者的全链路。科技是设计之本，应讲求感性科技；人性是设计之始，应注重人性设计；文化是设计之源，应追

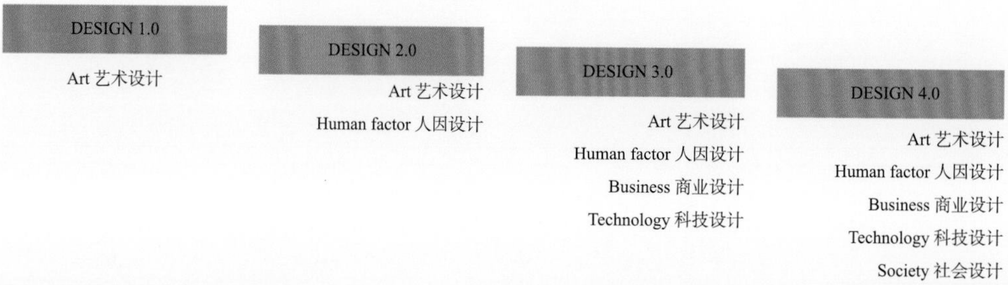

图1.2　设计从1.0到4.0的进化

求文化创意；商业是设计驱动力，应聚焦消费需求。设计必须融合感性科技、人性设计、消费需求，营造一个具有文化创意的人性化世界。我们总结为"整合创新设计五要素"，将"技术（Technology）""商业（Business）""用户（Costumer）""文化（Culture）"与"设计（Design）"融合，设计出具有良好体验的新颖性、创造性、实用性的新产品，如图1.3所示。

应对这样的设计变革，用户体验之父唐纳德诺曼也对设计教育提出了改革的新路径：如今是一个传感器、控制器、电机和显示设备无处不在的世界，重点已经转移到了交互、体验和服务上，专注于组织架构和服务的设计师的数量也变得与实体产品的设计师一样多，我们需要新兴的设计师[2]。这些新兴的设计师必须懂得科学与技术，人与社会，还要会运用恰当的方法去验证概念与提案。他们必须学会整合政治问题、商业手段、运作方式和市场营销[3]。

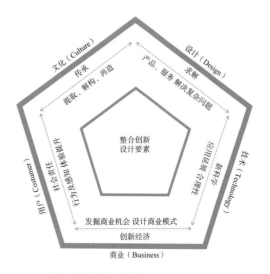

图1.3　整合创新设计五要素

1.1.4　整合创新设计路径

创新设计思维是多学科交叉的创造性思维，是创新者的核心竞争力。我们根据设计流程及实践，提出整合创新设计的五维法，包括使用情景创新、功能创新、技术创新、交互方式创新、形式创新，如图1.4所示。

（1）使用场景创新。使用场景创新是满足不同用户与场景需求，不断通过视角的变换寻求新的场景及需求。1977年查尔斯纪录片《十的次方》，从情侣野餐不断放大观察尺度，直到宇宙，再缩小尺度，直到细胞。影片鼓励设计师切换视角，关注细节。

（2）功能创新。一般来说，产品功能创新有两种方式，

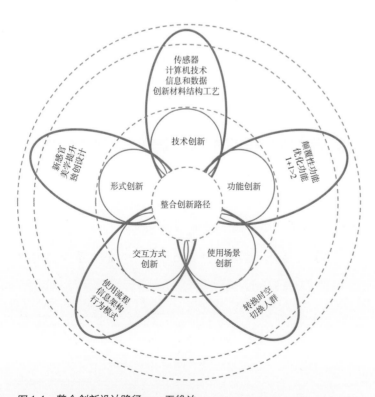

图1.4　整合创新设计路径——五维法

一种是原理突破型，发现新的自然规律，探索出新的技术原理产生发明创造；另一种是组合型创新，利用已有技术或已存在产品，通过适当组合形成创新产品，来满足新的顾客需求或刺激一个新的市场出现。功能组合创新又包括以下三类：同类功能组合创新，在保持产品原有功能的前提下，通过数量的增加来弥补功能上的不足；相关功能组合创新，组合在一起的几种功能不尽相同，但它们之间有一定的相关性；异类功能组合创新，是指两种或两种以上不同领域的技术思想组合，或者两种或两种以上不同功能组合的产品组合。

（3）技术创新。是一种科技导向的创新，包括开发新技术，或者将已有的技术进行应用创新。科学是技术之源，技术是产业之源。技术创新与产品创新联系密切，同样的技术可以生产不同的产品（详见第2.3节，一到∞的技术延展创意方法），生产同样的产品也可以采用不同的技术。技术创新具有过程的特征，在产品创新过程中表现为内在的突破。技术创新可能带来产品功能的颠覆性改变，产生全新产品，如使用创新结构、创新材料、传感器技术、计算机技术等；也可能仅带来成本的降低、效率的提升，如改善工艺、减少资源消耗、优化交互流程等。

（4）交互方式创新。人机交互是一门研究系统与用户之间的交互关系的学问，交互设计是两个或多个互动个体之间交流的内容和方式，使之互相配合，共同达到某种目的。交互设计努力创造和建立人与人、产品、系统之间有意义的关系，关注以人为本的用户需求，提升相关的可用性以及用户体验[4]。交互方式创新是符合用户本能行为的，用直观方式传达产品潜在操作行为信息。

（5）形式创新。形式创新主要表现在产品符号、风格、象征等表层上的颠覆与优化，是一种以设计语言为驱动力的创新，引领时尚并创造市场需求。形式创新给用户新的感官体验、美学感知、巧妙感受。形式创新并不凌驾于技术创新之上，"真善美是人类所有行为的终极指向"，正如中国工业设计协会秘书长、浙江大学教授应放天所言："我们以前的艺术设计只关注人文和艺术之美，没有关注真，离技术远了一点。但搞纯粹科学的，又缺乏一些人文之善和艺术之美[5]。自然科学和社会科学这两大科学推动世界的进步，但从现在起，一定要加上设计科学，同时兼顾科学、道德与美学，这几大科学形成共同作用。苹果公司最大的优势就在于'设计为了你'，苹果的成功就是一种真善美的和谐发展。"

如何将这五个维度的创新进行有机整合？我们分别分析了功能创新、技术创新、交互方式创新、使用情景创新、形式创新，那么我们继续扩大视野，用整合性视角看待这些创新方法，并研究如何合并几种方法来强化用户体验。为了满足用户在多种情境下新鲜和多样的需求，往往有必要结合多种设计方法为用户构建最适合的体验，而不是割裂地、单一地使用某种方法。五维创新方法就像积木，可以由设计师自由拼合。根据用户体验要素模型，从设计的角度，分别从战略层、范围层、结构层、框架层、表现层依次展开。要素分别阐述了企业级用户目标、产品主要功能内容、用户行为相关的逻辑、构成设计表现元素的方式以及可见的设计表现元素。五层之间相互作用完成任务，创建一个总体的用户体验设计。对应到用户体验五个层次，我们的创新方法可按照使用场景创新、功能创新、技术创新、交互方式创新、形式创新的顺序排列，分别对应设计探索、设计定位、设计实施方案、设计表达等环节的创新问题。设计师可以选择一种或多种用于设计创新的方案。

1.2

智能产品设计

1.2.1　什么是智能硬件

智能硬件，也称智能终端设备，是指通过先进的技术（如计算机技术、通信技术、电子技术、大数据技术、自动控制技术等）改造，使之具有智能功能的设备、器械或者机器。智能硬件具备智能连接能力（数据传输）、感知环境能力（数据采集）、与环境交互的能力（数据处理、反馈），功能完备的智能产品具备灵敏的感知功能、准确的逻辑判断功能以及有效的执行功能[6]。一般来说，传统设备均可被改造为智能硬件产品，如传统家用电器、家具、日用品等，可改造为智能门锁、智能灯、智能电视、智能水杯、智能服装；另外，在智能设备不断发展的今天，还出现了基于新场景、新工艺、新概念的"新物种"，突破了传统设备的范围，如智能穿戴类的AR眼镜、脑电设备、智能手环等。

1.2.2　智能产品的基本构成

各类智能产品中，大到智能汽车，小到智能手环，均由以下几部分构成：

（1）微控制器。即单片机，像大脑一样负责控制输入、输出部件。

（2）输入设备。感知周边环境、用户行为等，如温湿度传感器感知环境温湿度、超声波传感器感知距离。

比如，拍手后电灯开启，这一交互过程中，输入是拍手，输出是亮灯。智能产品设计中实现输入主要靠各类传感器，传感器（transducer/sensor）是一种检测装置，能感受到被测量的信息，并能将感受到的信息按一定规律转换成电信号或其他所需形式的信息输出，以满足信息的传输、处理、存储、显示、记录和控制等要求[7]。我们熟悉的开关按钮、键盘、摄像头以及红外、超声波等传感器均主要用于交互输入。

输入包括主动输入与被动输入。

①主动输入。即占用用户注意资源的、主动交互的输入方式，主动输入包括文本输入、声音输入、手势输入等。

a.文本输入，如物理键盘、触摸屏键盘、按钮，以及大家都熟悉的手机、计算机都属于这种输入方式，常用在有大量信息交互需求的场景下，如日常办公、医院终端机操作等。

b.声音输入，如精准的语言输入、环境声音分贝的输入等，目前用在智能家居、移动穿戴设备上，可用到语音模块、MIC 传感器。比如，我们熟悉的智能音箱就是用精准语言的输入，这种输入方式还可用于行动、肢体障碍人群的日常交互中。建筑物里的声控灯用了环境声音分贝的输入方式，这种方式还可以用在商业空间的互动装置，例如，*Bird song diamond* 是一件交互装置艺术作品，通过数据采集和计算机图像生成真实鸟类在地球迁徙过程发出的声音，观众发出声音时，装置与观众互动。

c.手势输入，如臂环肌肉脑电图EEG信号输入、微软hololens的手势输入，可用到超声波手势传感器、摄像头、超声波测距传感器、肌电传感器等。

②被动输入。被动输入包括心率、步数、环境噪声输入，比如，手机或者手环的加速度传感器判断行走状态，脉搏传感器随时监测脉搏、心率。

从输入内容来看，还可以分为健康数据输入、动作行为输入、情绪输入、环境感知输入等。健康数据输入如呼吸、体温、脑电波等；动作行为输入包括触摸、姿态、步速等；情绪输入如心率、表情等；环境感知输入包括温湿度、光照等。

（3）输出设备。传达具体或抽象的信息，或与环境、人产生互动，如屏幕图像、灯光、声音、震动、动态行为等。

输出包括主动输出与被动输出。

①主动输出。主动输出包括带有显示屏的智能表、头戴显示设备、音频等，共同具有的特征是唤起用户注意。比如，智能手表的邮件提醒、手机的闹钟等通知类型的交互一般都是主动输出。

②被动输出。被动输出一般是没有引起注意的情况下呈现在某处。比如，坐姿矫正的交互，倾角传感器判断用户姿势后，在用户下意识情况下做出反应，给出振动提示，

无须用户主动关注。

从输出内容来看，可以根据五感划分为视觉的光、文字及图像，听觉的语音、音乐等，触觉的震动、温感等，以及动态的结构、形状变化。

以灯为例，假设一款未来智能灯，要根据场景、用户需求设计它的交互方式，如吹亮、感知距离远近灯光强弱产生变化、感温变色、感光开启灯，那么"吹"是输入，"亮"是输出，"感知距离远近"是输入，"灯光强弱变化"是输出。

1.2.3　设计与智能技术的相互驱动

麻省理工 Neri Oxman 教授曾在文章《纠缠时代》中揭示创意循环在科学、工程、设计与艺术中的深层关系。科学用于探索世界，工程用于发明与实践，设计用于沟通与转化，艺术用于质疑与表达，四者形成关联与循环。知识不再产生于学科边界内，而是完全纠缠在一起，设计与技术学科之间不再割裂。一方面，不能纯为艺术而设计，因为设计具有大众性、科学性和经济性；另一方面，也不能为纯科学而设计，因为设计具有艺术性和精神性。设计正是技术物质化、商品化的桥梁，所有技术都是通过设计转化成商品的，而所有设计中都含有技术成分。

在技术转化为产品的过程中，优秀的设计可以增强其价值，而不恰当的设计会削弱其价值。比如，医院自助终端机的设计初衷是通过技术减少人工作业，并提高患者就医时的效率，而早期的终端机界面缺乏可用性设计，尤其是对老年人来说，几乎无法完成任务。我们经常看到终端机旁边站着志愿者帮助操作，这就违背了设计的初衷。正如《交互设计精髓》中提到的："随着各类智能技术的成熟与广泛应用，人们对新科技本身已经不再像以前那样感兴趣了，人们需要的是优秀的科技，即那种经过设计可以给人们带来愉快而有效的体验的科技。"技术转化过程中，必须以人的需求为中心，才能设计出带来愉悦体验的产品。

1.3

有形交互设计

1.3.1 交互设计的概念

如果二维是平面产品设计，三维是立体产品设计，那么四维设计是什么样的？我们想象给产品加上时间的维度，设计师制作的产品通过光、声音、运动和其他动态因素，随着时间的变化而变化，四维设计核心的关注点在于物理数据（声、光、运动）与人之间的交互，在智能、大数据时代，这一点比以往任何时候都更为重要。因此，这就引出了我们要说明的交互设计以及实体交互设计。

人机交互（human–computer interaction，简称HCI）是一种学术领域，研究人与机器之间进行信息传递的理论、技术和设备，既包括技术研究，也包括心理学研究。技术研究如算法的研究、硬件设备的开发、软硬件整合的系统技术，以及手势交互的规律等。

交互设计（interaction design）是设计的一个领域，一种实践方法，或者理念。通常是为了解决特定场景下、特定用户与机器（网站、App、手机等）的"对话"问题。定义了两个或多个互动的个体之间交流的内容和结构，使之互相配合，共同达成某种目的，交互设计努力去创造和建立的是人与产品及服务之间有意义的关系[4]。交互设计的目标可以从"可用性"和"用户体验"两个层面进行分析，关注以人为本的用户需求。交互设计概念于20世纪80年代产生，作为一门关注交互体验的新学科，它由IDEO的一位创始人Bill Moggridge在1984年的一次设计学术会议上提出，一开始给它命名为Soft Face（软面），即软件系统的界面，后来把它更名为Interaction Design，即交互设计[8]。

人机交互源于人机工程学领域。作为一个学领域，进行的是具有一定普适性的技术研究和人的研究；交互设计源于计算机领域，是设计的一种实践方法或者理念；而用户体验源于认知心理学领域，是研究方法或研究工具，比如，我们常说的研究用户客观行为或主观感知，使用生理信号捕捉的客观方法或问卷、访谈的主观方法。人机交互、交互设计与用户体验的概念如图1.5所示。

图1.5　人机交互、交互设计与用户体验概念

1.3.2 有形交互设计的概念

人机交互界面通常是指用户可见的、显性的部分。用户通过人机交互界面与系统进行信息沟通，并进行操作。小如手机的音量按键，大至航天飞船上的仪表板，或工厂的控制室。交互界面主要经历四个发展时期，如图1.6所示。

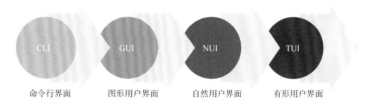

图1.6 交互界面的发展

※ 命令行界面，通常不支持鼠标，用户通过键盘输入指令，用户记忆操作的命令；

※ 图形用户界面，是以图形方式显示的计算机操作用户界面，在视觉上更易于接受，强调用户行为习惯；

※ 自然用户界面，无形的用户界面，以最自然的交流方式与机器互动，如语言和文字；

※ 有形用户界面，更关注用户感知，强调软硬件结合与技术实现。

20世纪末，麻省理工的学者 Ullmer 率先打破"图形用户界面"交互模式在产品上的统治，提出了"有形用户界面（TUI）"的概念："为数字信息给予物理形式和后续的物理控制。"这通常也作为"有形交互"的定义。它着重于产品与用户的互动（而非界面），是一种交互模式，融合艺术、设计和技术，通过给予数字信息特定的、用户易于感知的形式，力求在数字世界和物理环境组成的系统中创造互动空间和自然体验，激发用户愉悦的感受[9]。有形交互结合了人的更多能力（认知、知觉运动、情感），为交互的"体现"（embodied）提供了潜力。有形交互是人机交互进程的下一个里程碑。

把真实世界的特质带回到人们的日常生活中的一种方法，就是向物质世界学习。另一方法是将我们与屏幕交互时所缺少的属性进行归类。让感官引导你，并提出能够解决当前问题的方案，此时，传统的以人为本的方法仍然有效。

交互设计，往往指的是虚拟交互，也可以称为无形交互、界面交互，虚拟交互是存在于信息世界的、无形的、短暂的。有形交互与虚拟交互的主要区别在于，是存在于物理世界的、有形的、持久的，如图1.7所示。比如，早上唤醒熟睡的人们，传统的方式是闹钟，现代普遍的方式是用手机虚拟闹钟（虚拟交互），这种交互方式的优点在于可以根据用户需求设定多个提醒时间并自动提醒，解决了传统闹钟功能单一、不够人性化的问题。

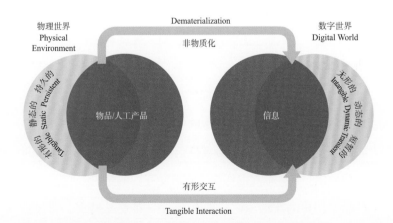

图1.7　有形交互设计

假设设计一款有形交互的智能闹钟，可以结合前两者的
优势，首先利用屏幕帮助用户设定提醒时间，其次，用
MIC 传感器、超声波传感器等综合监测用户状态，当用
户被唤醒时，闹钟不再提醒，当用户未离开床继续熟睡
时，闹钟再次提醒。

1.4

整合创新下的交互设计趋势

1.4.1 用户体验设计趋势

科技和社会的变革给设计带来了全新的挑战和机遇，
了解前沿趋势是创新的基础。我们不但要分析用户需求趋
势，还要了解整合创新下的用户体验设计趋势。

（1）用户需求趋势。

①个性化需求。千人千面，做到满足一致性需求与满
足个性化需求的平衡。

②服务设计需求。从优秀产品设计到服务设计需求。

③高品质需求。对商品、服务的品质追求越来越高。

④全链路需求。不仅局限于某产品或某环节，要进行
全链路的体验设计。

（2）整合创新下的用户体验设计趋势。

①银色设计。银色设计的活泼化，如何更亲近银发族。

②绿色设计。绿色设计的深化，如何节能减排。

③橙色设计。针对儿童、视障者（visually impaired）、听障者（hearing impaired）、上肢障者（hand impaired）、语障者（language impaired）以及各种不同语言的用户，是否也都有个别的考量与贴心的设计。

④金色设计。设计规划阶段所采用模拟的情境（scenario）与人物角色（persona）是否涵盖各个潜在市场的文化类型，是否努力尝试文化试探法（cultural probes）、风格看板（style boards）、实地探访（field visits）等各种方法尽可能深入了解各类不同文化背景。

⑤紫色设计。使其符合个别用户的视觉（vision）、听觉（hearing）、嗅觉（smelling）、触觉（touch）五个感官的感性偏好。

⑥蓝色设计。如何满足大众用户的身心年龄、各式潜在障碍、文化差异与感性偏好，如何满足个别用户的身心年龄、各式潜在障碍、文化差异与感性偏好。

1.4.2 实体交互设计趋势

（1）多感官调用。设计中，更多的是考虑用户多感官体验。在人机交互过程中，视觉感官往往被占用最多，用于获取大量信息。多项研究表明，感官刺激的形式越多，用户的体验就越丰富。另外，感官之间可以形成互通、增强、补偿的作用。因此，在未来的交互设计中，最好可以包括一些触觉、听觉甚至嗅觉方面的设计。例如，作品 *Bird song diamond* 通过采集鸟类迁徙过程数据，计算机图像生成真实鸟类地球迁徙过程，并发出声音和观众互动，该作品通过视、听觉的感官互相增强，给观众营造候鸟迁徙时的环境沉浸体验。

（2）自然交互设计。自然交互是希望未来人和机器的交流像人与人之间的交互一样自然。自然用户界面可以重塑用户体验，改变电子设备与人之间的关系以及人们感知世界的方式，以智能语音、混合现实、可穿戴等形式存在。一方面，自然交互关注交互过程的流畅性，机器能够预判用户的需求和行为，并在用户需要时自动提供该功能，突破了传统的用户主动触发方式；另一方面，交互过程中使用更多符合本能行为的形式，唤起用户的现有技能。例如，苹果系列产品交互手势中的手指开合用于操作放大、缩小，早期产品中的左右滑动手势模仿了实体插销，用于解锁屏幕。

（3）动态仿生设计。"仿生设计"是设计领域中由来已久的一种设计方法或者说是灵感来源。传统认为的仿生设计就是对自然事物外观的仿生，是静态的、表层的，其实仿生设计包括模仿自然物的"形态""纹理""结构""生命机理"等，从表层到内在逻辑，可以对应产品、系统的外观和功能内核。这里提出的"动态仿生"就是聚焦在对生物结构、机理的模仿。例如，人们通过对鸟翅膀的结构仿生，设计飞机的机翼，翅膀的伸展与闭合都要通过结构的设计来达到。

传统的工业产品大多是静态的，随着传感器技术、制造技术的发展，我们假设未来的工业产品是动态的，这种动态并不是像艺术装置一样为了追求形式的标新立异，而是通过模仿生物结构，使产品的动态形式与功能有机地结合到一起。

（4）响应式交互设计。"响应式"概念源于互联网页面设计，是指页面布局可以"响应"不同尺寸屏幕的设计方法，智能地根据用户行为以及使用的设备环境进行相对应的布局。本书中定义的实体产品"响应式"设计，在于产品功能、结构、形态、材料等因素，随着时间、空间、用户行为、用户感知等变化而相应改变的动态过程。未来智能家居的全品类生态配套，能对网络、传感、智能设备等数据进行实时获取、计算、决策，智能家居与用户、环境充分融合。例如，环境调节类产品，感应人的健康状态、使用习惯、所处时间、环境光照度、温湿度等，便自动调节各参数，提供用户所需的感官体验。

（5）周边交互设计。从交互的注意力资源占用层面来说，交互方式分为有聚焦交互、周边交互、隐性交互，如图1.8所示。

①聚焦交互（focused interaction）。交互过程占用注意资源，并在注意力的中心，是具有意识的，用户可以直接精确地控制交互对象，适用于需要精准操作的交互场景，如手机、计算机等，用户主要通过手势输入、键盘输入、

图1.8　周边交互设计

看屏幕等实现操作中的输入输出。

②周边交互（peripheral interaction）。注意力边缘，而不是注意力中心，是潜意识的、故意的，用户直接非精确控制交互对象，比如，边读书边听音乐的行为。注意力被分配到多种行为。在用户注意资源越来越稀缺的当今，设计师尝试通过调动更多感官弥补单一视觉以及产品的智能判断、触发反馈来实现周边交互，周边交互将广泛应用于未来交互场景，尤其是智能家居、智能可穿戴等品类。

③隐性交互（implicit interaction）。交互过程不占用注意资源，在注意力以外，是潜意识的、无意识的，用户非直接控制交互对对象，比如，电梯到达后自动开门，商场的自动门感应顾客自动打开，用户无须分配注意资源进行交互。

1.5

参考文献

[1] 西宝，杨廷双. 企业集成创新：概念，方法与流程[J]. 中国软科学，2003(6)：5.

[2] 邱懿武. 重构"设计教育"[J]. 创意设计源，2013(5)：29-34.

[3] Norman D A. Wir brauchen neue Designer! Why Design Education

Must Change[OL].

[4] 李世国，顾振宇. 交互设计 [M]. 北京：中国水利水电出版社，2016.

[5] 工业设计如何改变人们生活 [OL].https：//zhuanlan.zhihu.com/p/385116346.

[6] 孙凌云. 智能产品设计 [M]. 北京：高等教育出版社,2020.

[7] 佚名. 传感器与伺服控制 [J].伺服控制，2013(6)：19–20.

[8] 孟圆. 基于社会化媒体趋势的交互界面改良设计研究：以新浪微博手机客户端为例 [D].上海：上海交通大学，2010.

[9] 王选. 基于有形交互的交互式产品设计研究 [D]. 徐州：中国矿业大学，2015.

产品交互设计灵感与构思

开 2

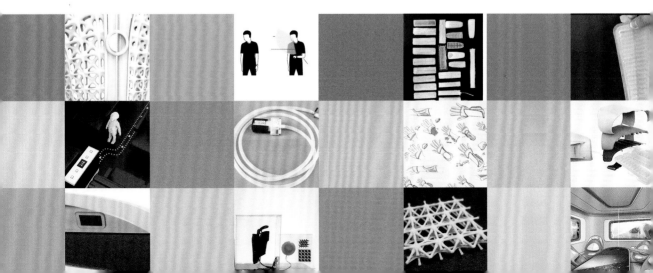

2.1
交互设计创新与优化

人机交互的很多发明创造源自技术对人性的适配。本质上是通过设计思维实现的创新和优化，挖掘技术潜能，更好地满足人的需求。交互设计师一方面需要理解人的本性、认知和行为规律，这是传统设计思维训练的核心；另一方面需要了解软硬件技术，如同服装设计师需要了解纺织面料，建筑设计师需要了解混凝土一样。交互设计师需要融合设计思维和计算思维。软硬件技术不仅是设计工具，也是设计的对象。交互设计创新包括交互的设计创新和交互的设计优化：

（1）交互的设计创新。交互设计创新属于"过程"的创造或再造，是从未有过的"生活方式"，是对旧的方式的颠覆性改变。

在交互的设计创新过程中，主要考虑人、物、环境（系统）之间的交互过程。在万物联网的时代，这不仅包括直接会想到的人与物的两者交互，还包括人与物、人与人、物与物、物与环境的交互，甚至包括人、物、环境三者交互等。比如，人使用手环，是人与物的交互，人使用手环控制家里的灯开启，就实现了人、物、环境三者交互。

从交互创新维度来看，还包括功能创新、技术创新、体验创新等，可以从不同维度来思考设计师的概念方案满足一个或多个创新维度。

（2）交互的设计优化。真正颠覆性的人机交互技术是有限的，大部分场合，交互设计是对现有技术和设计的改良，也称作优化。史蒂夫乔布斯将iMac休眠灯的亮灭改为每分钟12次，使其看起来更像睡眠状态人的呼吸；改进了传统便携式计算机电源线的接口方式，将Macbook接口设计为磁吸方式，在用户绊到线的时候自动脱开，避免损坏计算机。这些细微调整让用户感受到其感染力。优化的交互设计，不仅依靠直觉判断，也需要进行一定数量的用户调研予以确定。作为交互设计师，一方面需要积累经验，培养直觉能力；另一方面应该了解哪些设计决策必须基于数据分析和用户测试。

2.2

创造性思维

无论是设计创新还是设计优化，都需要设计师具备创造性思维。创造性思维的本质是联想，即突破思维"框框"而达到普遍的联系。创造性思维是指以独特的方式综合各种思想或者在各种思想之间建立起独特的联系的一种能力，不断地开发出解决问题的新方法[1]。创造性思维是有方法可循的，有组合、类比、横向思维、逆向思维等：

（1）组合法。组合法最关键的是实现有意义的组合。必须满足三点要求：

①多个原先独立存在的产品特征组合。

②组合后的特征共同起作用，相互促进及补充。

③产生一个新的效果，即1+1>2的效果。

比如，最早的手机没有照相功能，与相机结合后，增加了摄像头，便形成了现在我们熟悉的带有相机功能的手机，甚至在非专业用户的场景已经取代了传统相机。

（2）类比法。类比法即我们常说的触类旁通。找出实际生活情景相同的问题情境和相应的解决办法。形式的类比是从自然界或已有的成果中寻找与创造对象相似的东西做比较，从中受到启发，产生新的设计。比如，windows计算机桌面概念，还包括桌面上的各种形象的图标，都是源于生活中的事物，我们也称之为自然相似。行为类比是与人的行为或者操作方式进行类比，从中获得启发进行设计。一般从中产生的设计交互方式更自然，更易于用户学习。比如，早期苹果手机的解锁是模仿传统门上插销的方式；多点触控是对人的手指行为进行了类比，苹果公司首创了智能大屏手机上的放大缩小手势。我们也称之为行为相似。

（3）横向思维法。横向思维法是针对传统的逻辑思维——纵向思维提出的一种看问题的新程式、新方法。纵向思维者对局势采取最理智的态度，从假设　前提　概念开始，进而依靠逻辑认真分析，直至获得问题答案。横向思维者是对问题本身提出问题、重构问题，倾向于探求观察事物的所有的方法，而不是接受最有希望的方法，并照之去做。这对打破既有思维模式是十分有用的[2]。比如，"水帘秋千"就是"比特瀑布"的一个横向应用。设计师需要自问，这个技术可不可以用在其他地方？可不可以换个解决方式？

（4）逆向思维法。逆向思维法也叫求异思维，它是对司空见惯的似乎已经成定论的事物或观点反过来思考的一种思维方式[3]。"反过来想一想"，以悖逆常规的方式去寻找解决问题的新途径、新方法。比如，在普通的摄像头手势识别研究中，一般是人站在摄像头前，手上戴着有颜色的手套，以此为基础识别手势，对人的空间位置有一定限制。后来，任天堂反其道而行之，将摄像头设置在人手上，在屏幕上放两个光点来捕捉游戏者手势。再后来，索尼又进行了逆向思维，将摄像头放在前方，改在游戏者手持的手柄上设置光球。

2.3
一到∞的技术延展创意方法

交互设计本质上是通过设计思维实现的创新和优化，挖掘技术潜能，更好地满足人的需求。结合交互设计的本质介绍"一到无穷的技术延展创意方法"。

交互设计创新很重要的一点是避免为了使用交互技术

而进行交互设计，避免过度的交互设计。"技术"运用得恰
到好处尤为重要，技术本身并没有高低贵贱之分。作为交
互设计师，无论简单的按键开关，还是复杂的触控屏幕技
术都要了解，在不同场景、不同需求下，恰当地、灵活地
运用技术是进行交互设计必要的能力。

　　一项技术可以被设计应用在 N 个不同的场景，我们也
把它称为"电炉丝"的创新交互思维。电炉丝是最便宜的
电子材料，但经过设计师的智慧，挖掘用户需求，选取恰
当的场景，将电炉丝衍生成无数产品，发挥并提高了电炉
丝价值，如电热毯、电饭煲、电吹风等。

　　运用这样的方法，我们还能创意出什么？比如，电磁
阀门技术日常应用于洗手池自动出水控制。根据艺术的想
象力应用在不同的场合，也能够设计出如水幕墙、水幕秋
千等各种装置。假设通过直流电动机或舵机技术创造出多
种产品，一方面，根据艺术的想象力选择应用的场景；另
一方面，根据用户需求解决不同的问题。我们尝试用直流
电动机设计出智能交互产品，组合多个电动机作为机械臂
的关节，设置电动机的旋转角度调节机械臂各部位活动程
度，便可构成多自由度的智能机械手臂。另外，电动机还
可以用于艺术装置，把时间的存在"视觉化"，每个电动机
控制一个钟表指针，利用阵列的形式设计出可根据一定秩
序转动的钟表指针艺术装置，诗意地记录时间行走的轨迹。

　　　「 *一到 ∞ 的技术延展练习* 」
　　运用技术延展——"电炉丝"的创新交互思维方式，
选取一项技术、一种传感器或者一种常用电子器件，定义

不同场景下的多种交互设计方案。

2.4
以人为本的创意方法

　　交互的设计创新需要对技术的领悟力，但对人性的洞察力更为重要，从人的角度拓展技术的应用可能，这就是以人为本的设计思维。最近发现很多设计创新公司，一系列的概念创新都是来源于对人性的敏感，比如 Airbnb，由于创始人的"工业设计"专业背景，使他们的产品更关注用户需求及体验，在预定民宿的流程中考虑了基于地图位置查看以及列表查看的多种模式，方便不熟悉目的地地理环境的用户搜索，同时根据整租拼租、床铺数量、卫生间数量、设施、建筑类型等设置了详细的筛选，充分满足旅行者的个人偏好；Snapchat 的"阅后即焚"创意价值百万美元，也是基于对用户私密聊天需求的把握。

　　交互设计就是研究人、产品（系统）、环境之间的相互关系，而其中满足人的需求是交互设计的根本需求。"人性化设计"的核心是充分注重使用者生理、心理及人格的需要，使人的生活更加舒适、便利[4]。人性化交互产品或系统符合人机工学和认知心理学的各种要求，使人、产品、环境具有良好的、恰当的交互关系。用户的痛点、使用环

境和过程对人的影响、对弱势群体的体贴和优先考虑等都
是人性化交互设计应该考虑的因素[5]。

　　一般利用用户体验研究方法对用户的行为、感知进行
洞察，包括用户看到什么、听到什么、想到什么、做了什
么、有什么计划等。设计师应根据项目目标以及场景，选
择适当的用户研究工具进行设计研究。首先，充分调动设
计同理心，根据研究目的使用相应的定量、定性工具收集
用户遇到的痛点、需求点，例如，想倾听典型用户的心声
并得到开放性的答案，可以选用访谈法；想了解一段时间
内用户的行为，可以选用观察法、跟拍发；想得到某群体
的普遍主客数据或进行数据的验证，可选用问卷法；想得
到用户客观生理数据，可使用眼动仪、脑电仪、多导生理
仪器等。其次，使用卡片法、同理心地图、用户画像、用
户旅程图等工具进行一定维度的素材整理，整理时尽量客
观还原用户需求并与设计目标紧密结合，挖掘出用户痛点、
需求点。最后，进行合理的假设、预想，提出交互解决方
案，方案一方面要充分围绕用户需求并解决问题，另一方
面需考虑交互技术的可实现性，在有用性、可用性、美学
性等指标下均能达到预期。

「以人为本创意方法练习」
　　洞察用户的行为、感知，挖掘在不同场景下的需求，
思考十种信息交互的方式，并画出拇指草图，要求抛开传
统的短信方式，注意交互方案尽量人性化。

2.5

问题为导向的创意方法

　　设计师综合运用市场、用户研究方法，以问题为导向进行思考，挖掘切实关乎小到用户需求、大到人类社会发展的共性的问题。首先是解决什么问题，我们需要更加关注设计的目的到底是什么，如何通过设计给用户带来福祉，这包括能源的节约与替代、儿童教育、贫穷的改善、弱势群体的关怀、未来健康医疗、老龄化社会、提升幸福感、可持续发展、制造业转型升级等。其次是如何解决这些问题，通过整合创新的设计方法，融合科技的能力、设计的智慧、文化的传承，提出具有情感、道德感、独创性、有用性、美学性的交互设计方案，反复推敲、考量设计方案是否具备这样的特征。

「问题为导向创意方法练习」

　　运用问题为导向的创新交互思维方式，选取某一障碍人群，在生活中的某一具体场景，找出存在的问题，给出多种交互设计方案解决问题，并评估方案的情感、道德感、独创性、有用性、美学性。

2.6

颠覆性创意方法

设计创意时，我们往往会进入一个误区，就是沿着固有思维去创意。例如，设计一款水杯，脑海里往往直接呈现出一个敞口的圆柱体加一个把手的形式，搜索素材图片时，也会下意识地搜索"水杯"，得到千篇一律的结果。如果究其本质，水杯是盛水的容器，在不同的场景下，会有不同形式的容器。比如，机场场景下，来来往往的顾客们需要的是在公共饮水机旁片刻停留，喝一杯水解渴后马上离开，因此出现了一次性锥形折叠纸杯的设计方案，它颠覆了传统纸杯的杯身、杯底结构，更节省材料，利于加工；旅行场景下，游客们需要占空间小、随身携带的水杯，因此出现了折叠水杯的设计方案，折叠后水杯只剩下杯底的厚度。

颠覆性思维要求设计师大胆的假设，打破理性的约束。生活中有很多的思维定式，我们首先要找到那些陈规旧律，想想有什么地方可以逆向思考，有什么地方可以否定，有什么地方可以调整。设计的要点在于探究事物的本质，突破固有思维，不被现有形态束缚。

「**颠覆性创意方法延展练习**」

设计一款与人交互的"花瓶"，这里不要求去设计一个传统的花瓶，而是运用颠覆的思维去设计一种全新的欣赏鲜花的方式，一种体验的过程。

2.7
参考文献

[1] 何克抗.创造性思维理论[M].北京师范大学出版社，2000.

[2] 付强.论设计中的艺术创意[D].南京：东南大学，2009.

[3] https://baike.baidu.com/item/逆向思维/.

[4] 何晓佑，谢云峰.人性化设计（现代十大设计理念）[M].南京：江苏美术出版社，2001.

[5] 黄展，刘芳.自助服务终端交互界面的人性化设计研究[J].包装工程，2015，36（22）：5.

SHOE

智能可穿戴
交互设计

3.1

智能可穿戴交互产品设计概念与创新

3.1.1 智能可穿戴设计概念

　　Amber Case 在《交互的未来》一书中提到[1]，计算机技术发展共经历了四次浪潮，如图3.1所示。第一次浪潮是20世纪40年代开始至80年代结束的大型机时代。第二次浪潮是一人使用一台计算机的台式计算机时代，计算机性能大大提高，且图形用户界面的出现替代了命令行界面。第三次浪潮是许多计算机、小型设备通过分布式计算技术连接在一起的互联网时代，这也是台式机阶段与普适计算阶段之间的桥梁。随着技术的发展，出现越来越多需要强大计算能力才能完成的项目。分布式计算和中央式计算是一组相对的概念，将任务分解成多个小的部分，每一台设备都是一个潜在的信息存储节点，大大提升计算效率，如图3.2所示。第四次浪潮是刚刚到来的、"计算"可以随时随地执行的普适计算时代。与桌面计算相比，普适计算可以使用任何设备、在任何地理位置和任何模式为每个人服务，研究范围涉及分布式计算、移动计算、人工智能、嵌入式系统、感知网络等多方面技术的融合。

　　普适计算理念中认为，该"计算"可以完全嵌入用户日常生活环境的每个角落，以各种物理形式存在，达到更

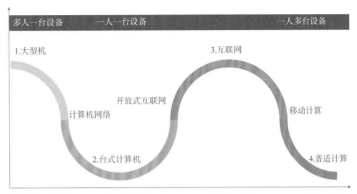

图3.1 计算机发展的四次浪潮[1]

图3.2 中央式系统、非中央式系统、分布式系统

自然的人机交互。一方面，未来的计算机设备有感知生活环境变化的能力，从而根据用户的需求以及环境的变化做出自主判断；另一方面，全球智能硬件设备数量将至少达到人口数量的五倍，大部分人会同时使用如笔记本、智能手机、智能家居、智能手表等多台设备。我们所说的"物联网"即许多设备互联所形成的网络，代表普适计算时代的联网阶段，意味着生活中智能实体产品会与无线网络连接，开启新的功能领域。人们摆脱了保持坐姿且注意力全部放在眼前计算机屏幕的交互行为，可以在餐厅、汽车内、行走时使用移动设备，并处于"持续地部分注意"状态中。

分布式计算，带来了多设备交互，这为智能可穿戴设计提供技术上的可能性。

可穿戴设备是直接穿在身上，或是整合到用户的衣服或配件的一种便携式设备，多以具备部分计算功能、可连接手机及各类终端的便携式配件形式存在。智能可穿戴设备是一种可以穿在身上或贴近身体并能发送和传递信息的计算设备，它不仅是一种硬件设备，更是通过软件支持以及数据交互、云端交互等来实现信息传输功能并实现人与人、人与物、人与环境随时随地的信息交流，它的便携性、免持式、无线通信等特点，给我们的生活和感知带来很大的转变[2]。

2012年，因谷歌眼镜的亮相，被称作"智能可穿戴设备元年"。在智能手机的技术、功能、设计创新空间逐步收窄和市场容量接近饱和的情况下，智能可穿戴设备作为智能终端产业下一个热点硬件被市场广泛认同。马克斯·韦勒（Marcus Weller）博士曾经说过："在未来的十年内，可穿戴技术将进入我们生活的几乎每一个领域。可穿戴技术也将把互联网的强大力量带入我们从事的一切事务之中。"

如果问大家，你能想到什么可穿戴设备，相信大部分人都会提到智能手环、智能手表、VR、AR等。主流的可穿戴产品形态包括以腕部为支撑的Watch类（手表、手环等产品），以脚为支撑的Shoes类（鞋、袜子、其他腿上佩戴产品），以头部为支撑的Glasses类（眼镜、头盔、头带等），以及智能服装、书包、拐杖、配饰等各类产品形态[3]，如图3.3所示。对全球可穿戴设备佩戴部位的调研发现，29%附着在衣物，28%佩戴在腕部，还有其他如鞋、

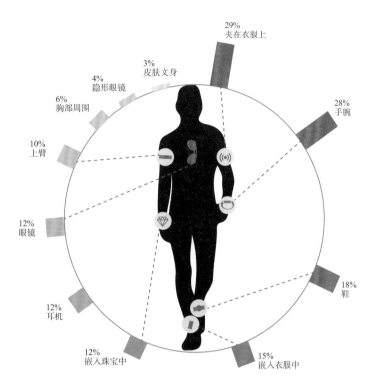

图3.3 可穿戴分布

首饰、耳机、文身等提供给设计师进行穿戴设计的空间。如 Levies 与 Google 合作的通勤夹克作为经典案例，导电布料的区域设计在左手前臂靠近袖口附近，与手机的连接则是通过挂在左手袖口上的蓝牙通信设备，实现了衣物控制手机、远程交互的功能。从手机上可以选择不同的 App 与布料间的互动方式，例如，通过滑动来调整音量，通过轻触来切换下一首歌，或是自定义一个手势来取得导航提示等各种用法。

3.1.2 智能可穿戴交互技术

可穿戴产品设计的重点在于如何选取智能技术来创造性地解决问题。其实，可穿戴产品被大众接受远滞后于大众对电子产品的接受，而可穿戴交互研究早于移动端设备交互研究。可穿戴技术（wearable technology），最早是20世纪60年代由麻省理工学院媒体实验室提出的创新技术，即可穿戴计算机等可穿戴设备[4]。利用该技术，可以把多媒体、传感器和无线通信等技术嵌入人们的衣物中，可支持手势和眼动操作等多种交互方式，主要探索和创造可直接穿戴的智能设备。

现在可穿戴设计已不再局限于计算设备，更多地聚焦于便利性的、细分市场的、解决用户痛点的消费电子产品。随着计算机软硬件和互联网技术的高速发展，可穿戴智能设备的形态逐渐多样化，在工业制造、医疗健康、公共环境、教育、个人娱乐等领域表现出广阔的应用潜力[5]。我们需要明确的可穿戴交互技术，即可穿戴的输入与输出，也由此定义清楚所使用的传感器。

可穿戴产品中主动的详细输入包括声音输入、手势输入、触摸按钮输入等，前沿的输入方式也包括肌肉电、脑电、眼动捕捉的输入。一般用于用户穿戴产品时，主动查询信息、发送信息、主动操作、控制，需要占用用户注意力。可借助语音模块、超声波手势传感器、摄像头、超声波测距传感器、肌电传感器等减少占用用户注意力。

被动输入包括心率、步数、环境噪声等，比如，手机或者手环的加速度传感器判断行走状态，脉搏传感器随时监测脉搏、心率。一般用于用户在穿戴产品时，身体、心理、环境数据的持续捕捉，而不分散用户注意力。

主动输出包括带有显示屏的智能表、头戴显示设备、音频等；被动输出一般是没有引起注意的情况下呈现在某处，比如震动、发热等，无须主动关注。可穿戴输入类传感器如图3.4所示。

运动	行为	情绪/健康	环境
倾角传感器	弯曲传感器	脉搏传感器	光线传感器
震动传感器	触摸传感器	温度传感器	温度传感器
压力传感器	手势传感器	脑电传感器	声音传感器
倾斜开关	霍尔传感器	心电传感器	噪声传感器
加速度传感器	超声波测距传感器	肌电传感器	火焰传感器
	人体红外传感器		温湿度传感器

图3.4 可穿戴输入类传感器

3.1.3 智能可穿戴交互形式

设计一款可穿戴设备，首先要明确设计初衷也就是动机，其次确定交互过程中的输入与输出以及相应的传感器技术。另外，还需要进行形式创新设计。目前，可穿戴设备的主流形式包括智能织物、智能设备、智能首饰等。

随着对智能织物的技术研究不断深入，多种导电面料被应用在可穿戴服装，如银纤维导电线、导电纽扣、弹性导电线、经过改造的柔性LED面料等。麻省理工媒体实验室（MIT media lab）设计了一款织物键盘，这种由纺织传感器制作的布料能够让用户像使用琴键一样演奏，或者可以通过操控布料本身来创造声音（如按压、拉、扭转，甚至在材料上挥动双手），电子织物可以对触摸、按压、拉伸、靠近做出相应的反应。Sarah的《智能纺织品与服装面料创新设计》一书中介绍了大量智能服装和织物的经典案例，比如韩国媒体艺术家的作品、亮相于时装周的Richard Nicoll作品、柏林艺术设计大学的E-motion作品。

智能设备可应用于更多穿戴部位，解决用户的社交、健康监测、信息交互、家居电器控制等问题。生命体征监测襁褓是荷兰T/ue艾因霍芬理工大学工业设计系的作品，它将生理信号捕捉传感器安装在婴儿襁褓中，当医生或者母亲抱起婴儿，婴儿的重量、体温、心率等生理参数被监测比记录，改善了传统婴儿身体检查放在体重秤上的交互过程，给婴儿更多的安全感、舒适感。Dab心脏活动检测器是一款非侵入性、小巧并且使用操作简单的可穿戴设备，设计为了拉近了医疗器械和病人之间的距离。这款检测器通过凝胶贴片安装在胸部，电极不间断地捕捉心脏活动并记录。干电极可以重复使用，不像一次性电极会导致大量医疗废弃物。

3.1.4 可穿戴产品的设计可能空间

（1）可穿戴耐受性。根据经验可以判断，不是所有的人体表面都可耐受或适宜佩戴可穿戴产品，需要考虑身体表面对电池发热的敏感性、压力的承受性、关节活动部位、可穿戴产品的材料弯折及造型等。卡内基梅隆大学的学者在一项研究中基于人机工学原理，测试了身体各个关节及肢体部位，明确了哪些部位更适宜穿戴和携带，比如，大臂、小臂外侧相较于内侧更具有温度耐受性。因此，在可穿戴交互设计过程中应考虑用户佩戴位置与舒适性、灵活性、便利性等的关系。

（2）放置位置研究。设计一款可穿戴产品时，设计师需要考虑用户佩戴以及不佩戴时的所有使用行为、习惯，为用户使用同一可穿戴产品的多种放置方式提供便利。比如，设计腕表时，需考虑腕表在视野范围内、外的交互，当人们将注意力放在腕表或只匆匆一瞥时该如何做交互设计。如果为送外卖的骑行者设计一款信息交互产品，应考虑在骑行状态与普通状态下的区别，骑行或停下来时分别用什么样的交互方式。如图3.5所示。

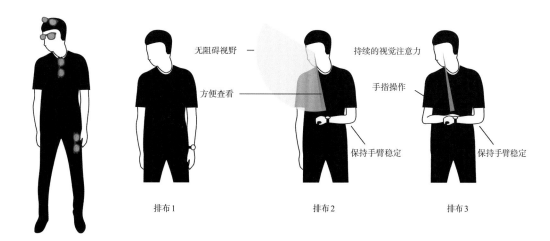

图3.5　放置位置研究

3.2

柔性康复助力外骨骼——Deforeton[1]

Deforeton是一款为中风病人设计的智能康复助力外骨骼产品，设计旨在帮助患者从手部活动障碍后遗症中尽快康复，如图3.6所示。

❶ 作者：徐佳轶；指导教师：张帆，杨九瑞；单位：北京服装学院。

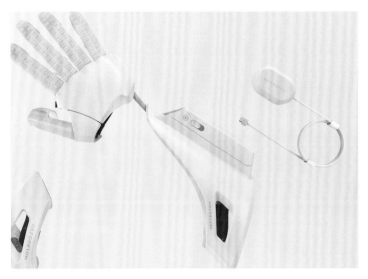

图3.6　柔性康复助力外骨骼Deforeton

3.2.1　研究背景

中风发病率逐年递增，且发病人群有年轻化趋势，中风后的大部分患者存在不同程度的手部活动障碍，而可穿戴外骨骼产品能够为这类患者提供防护并辅助康复治疗。传统外骨骼基本上以电动机作为动力来源，应用刚性连杆机构带动关节活动，因此具有穿戴不适且笨重的缺陷。柔性结构能够通过形变致动提高外骨骼的舒适性及灵活性，改善患者康复的体验感，弥补现有产品的缺点。

3.2.2　设计思路

本产品是基于柔性形变结构的康复类可穿戴产品设计，这款手部外骨骼利用硅胶材料的弹性特点，通过充气使气囊内部膨胀并引发上表面的拉伸形变，从而使气囊整体弯曲进行牵动手指的活动，如图3.7、图3.8所示。该产品为使用者的康复训练提供更安全可靠的助力，并通过智能技术的结合来探索更有效的脑卒中患者手部活动障碍的康复

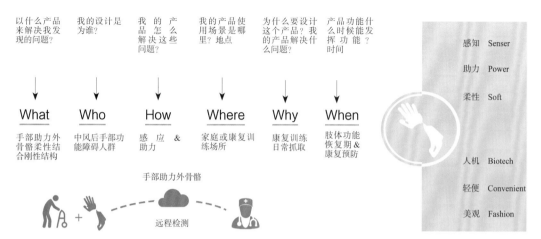

图3.7 设计定位

图3.8 产品定位

训练方法，给予患者更方便的训练和更舒适的体验。通过
柔性形变的方式带动手指进行复健活动，能够很好地避免
二次伤害。

3.2.3 交互原理

该项目共研究8种不同的硅胶充气形变结构，且部分
结构间存在演化，通过结构演化寻找最适合手部外骨骼的
形态方案，如图3.9~图3.15所示。

　　柔性形变气囊通过模具以及加热固化的方式制作成型，在完成上下粘接后与气囊进气孔连接进行充气。本研究采用

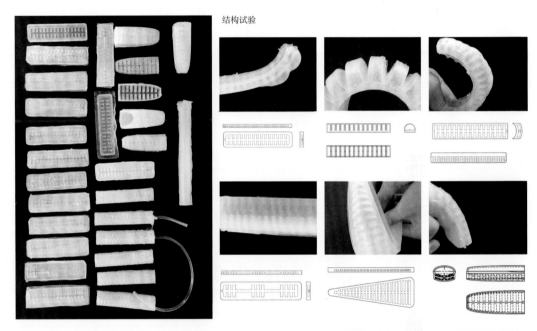

结构试验

图3.9　柔性硅胶样片制作

尺寸：30×200×10
硬度：20度
结构：鱼骨结构
气腔：均匀平片式

充气效果：充气后气囊顶部鼓起，带动整体弯曲，力度较大，在中间气道处弯曲力度最大，弯曲程度与上下片壁厚的差距有关

结构线框图

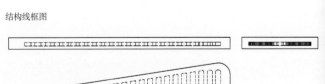

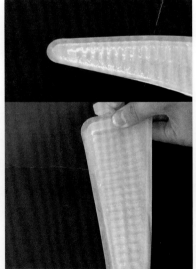

图3.10　硅胶结构一

结构线框图   结构线框图

尺寸：18×80×6
硬度：20度
结构：鱼骨结构
气腔：均匀平片式

充气效果：小片气囊
鼓起后气腔膨胀明
显，带动整体弯曲，
力度比较均匀

尺寸：18×80×6
硬度：20度
结构：鱼骨结构
气腔：非均匀平片式

充气效果：由于平
片结构硬度差距较
小，弯曲与设想的
局部弯曲效果不符

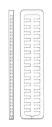

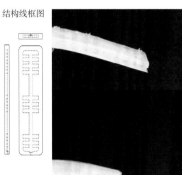

图3.11   硅胶结构二和结构三

尺寸：18×80×12
硬度：20度+40度
结构：鱼骨结构
气腔：双层对称平片式

充气效果：不同气道充气
后可以向不同方向弯曲，
可以实现双侧弯曲，不同
方向施力

结构线框图

图3.12   硅胶结构四

结构线框图

尺寸：12×80×8
硬度：20度
结构：鱼骨结构
气腔：弧形平均式

充气效果：充气后气囊顶
部鼓起，带动整体弯曲，
力度较大，弯曲力度比较
均匀

尺寸：15×80×8
硬度：20度
结构：鱼骨结构
气腔：弧形平均式
     指套式

充气效果：充气后气囊顶
部鼓起，带动整体弯曲，
但是受指套硬度限制弯曲
不明显，应该降低指套
硬度

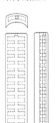

图3.13   硅胶结构五和结构六

尺寸：10×200×12
硬度：20度
结构：半圆结构
气腔：一体气腔，没有气壁分隔

充气效果：充气后气囊顶部轻微鼓起，由于整体较长，所以弯曲十分明显，力度较大

结构线框图

图3.14　硅胶结构七

尺寸：20×200×28
硬度：20度+40度
结构：半圆关节式
气腔：间隔式

充气效果：通过气道连接后各个气腔膨胀，从而达到弯曲效果，但是由于本身有关节结构，因此平直状态硬度不够，不适宜作为手部外骨骼气囊结构

结构线框图

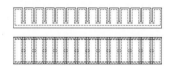

图3.15　硅胶结构八

硅胶3D打印的方式实现了气囊的产品化生产，并通过压力测试分析不同硅胶结构的弯曲性能及力度，如图3.16所示。

充气受压图

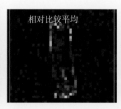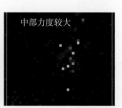

对应结构线框图

图3.16　硅胶结构压力测试

微型气泵
$30 \times 16 \times 10$
供应充气吸气

连接气管
$R=4$
充气连通

微型电路板
$18 \times 24 \times 2$
编程电路控制

微型气阀
$15 \times 8 \times 10$
进气放气控制

图3.17 智能交互技术原理

3.2.4 硬件技术

指套造型的气囊共有五根，分别装配在手指关节对应的位置。气囊的膨胀和收缩需要气阀的进出气孔控制，在确定两个气泵同时工作的充气量后，产品使用三通将充气孔连接起来，运用气阀在气囊与气泵中间控制进出气，进而控制气囊弯曲和回复的效果。日常模式下，肌肉电信号感应通过电路板的数据运算转化为气阀的控制信号，调节气囊完成不同动作需要的弯曲时间和程度。所有电路都由Arduino电路编程控制，在完成指套制作后，进行电路的调试。完成程序编码后，将代码拷贝到微型电路板上，然后将所有的元器件安装在原型实物的仓体中。如图3.17所示。

3.2.5 方案表达

项目组经历基于人机工学的造型草图推演后，用油泥材料进行草模型制作，进一步筛选出最终方案并制作产品效果图、产品样机，如图3.18～图3.25所示。在研究手部结构时不难发现，拇指的活动幅度与角度明显与其他手指

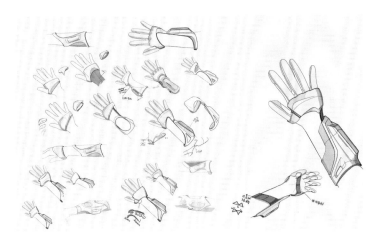

图3.18 设计方案草图

不同，因此在虎口处需要活动结构来提供手掌发生变化时
的活动余量。由于手部和手臂部分的硬壳作了分体处理，
因此在造型上二者的曲线走向将保持一致，以免破坏美观

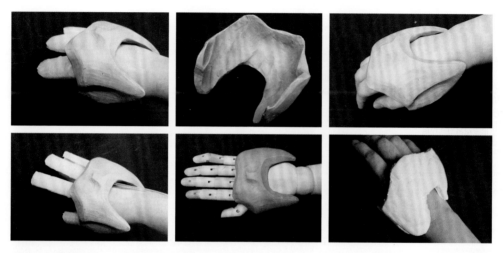

图3.19　草模制作——气囊壳体装配及人机工学分析

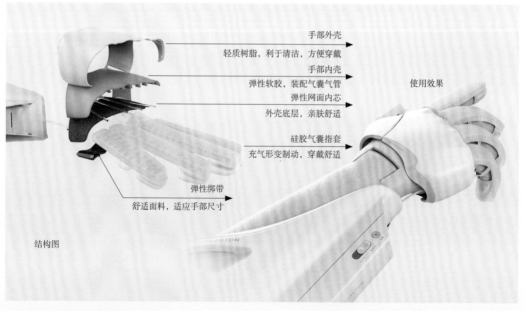

图3.20　产品结构爆炸图：手部

结构图   散热孔细节

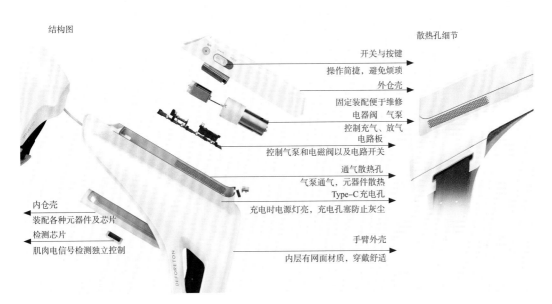

开关与按键
操作简捷，避免烦琐
外仓壳
固定装配便于维修
电器阀　气泵
控制充气、放气
电路板
控制气泵和电磁阀以及电路开关
通气散热孔
气泵通气，元器件散热
Type-C 充电孔
充电时电源灯亮，充电孔塞防止灰尘

内仓壳
装配各种元器件及芯片
检测芯片
肌肉电信号检测独立控制

手臂外壳
内层有网面材质，穿戴舒适

图3.21　产品结构爆炸图：手臂

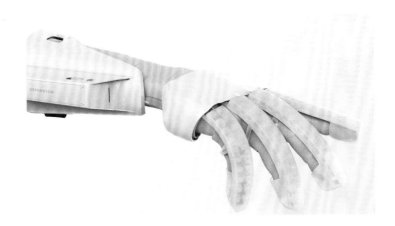

图3.22　产品渲染效果图

图3.23　产品细节效果图

图3.24　穿戴实拍效果图一　　　图3.25　穿戴实拍效果图二

度。由于外骨骼产品零件较多，因此在装配结构上设计了组装后无须反复打开的结构。

3.2.6　应用与拓展

　　这款外骨骼虽然聚焦于手部的康复活动，但是通过后期更加深入的研究和设计，有望将这种柔性制动方式应用到其他部位的外骨骼产品中。

　　本设计对柔性制动结构和柔性材料进行了开发延伸性分析，同时运用智能交互技术与产品的结合以更好地强化产品功能。这款外骨骼的优势在于通过材料、产品设计、康复技术与智能交互技术的结合，让整体产品的功能更加优化，也能实现产品服务的主体人群——患者与监护人、医师之间的高效链接。同时，这种可控的形变特性本身来源于动态骨骼的仿生，通过其他形式的仿生形态研究设计，也可以应用于动态建筑表皮、运输以及情感化产品等多方面，在此动态仿生形变结构研究下能够带来许多新的设计维度和发展空间。

3.3

结构功能穿戴产品——羽衣❶

图3.26 结构功能穿戴产品——羽衣

"羽衣"是受到羽毛凹状直线排列结构对水产生张力的启发，同时借鉴了中国传统屋顶瓦棱的排列方式，设计的一款利用结构形变疏导水流的呼吸感雨衣，如图3.26所示。

3.3.1 研究背景

雨衣是大众消费必备服饰单品，其款式几十年不变，同时存在包裹面积大、透气性弱、使穿戴者行动不便的问题。设计团队根据导水原理，研究了大量自然界以及传统文化中的相关结构，如中国传统建筑的屋顶瓦片、穿山甲背部甲片、鱼鳞、蓑衣等，借用古人的智慧和自然现象，研发一款智能可形变的雨衣，旨在提供一种包裹面积少、时尚轻便的创新方案。

---

❶ 作者：王涛，张帆，朱泽一，凌冰，李天浩，苏亦菲，等；单位：北京服装学院。

3.3.2 设计思路

通过对雨衣现状及市场调研后，设计团队发现此类穿戴可以利用柔性材料进行功能性结合，进行可穿戴的创新。该设计项目分别针对柔性材料气囊伸缩支撑结构、TPU立体剪裁制版、传感器功能触发、生物仿生疏水表面机理这四个方面进行研究与创新。

雨衣的板型采用的是一体式独立剪裁方法，没有过多的拼接与缝制。对人体结构进行分析，利用身体肩部、上肢、背部生物曲线和受力分析，得到符合人体工效的板型。由于热塑性聚氨酯弹性体（TPU）材料边缘较硬且锋利，考虑到雨季用户人群更多以短裤、短裙及轻薄透气的下装为主，在雨衣的长度上主要避开小腿关节处，以免影响正常走路和对身体产生剐蹭。

3.3.3 硬件技术

本案例是传感器功能触发的穿戴形式创新，利用Arduino采集触摸传感器信号，来实现用户可随时随地随心触发的周边交互式充放气驱动雨衣鳞片开合。雨天的环境中，主流群体采用雨伞进行防雨，人们被伞所构建的防护空间隔离保护，同时相互隔绝。此次设计采用的触摸传感器触发交互，使用户穿戴新型雨衣，背部柔性可动结构增加互动性，防雨的同时能够打破独立空间，改变传统雨天的情景。此系统应用Arduino控制板、触摸模块、气泵、MOS模块，利用Arduino控制板AO端口采集数字量，执行器为两个气泵（air pump）模块，其中一个为吸气功能，一个为放气功能，MOS模块驱动气泵，如图3.27所示。

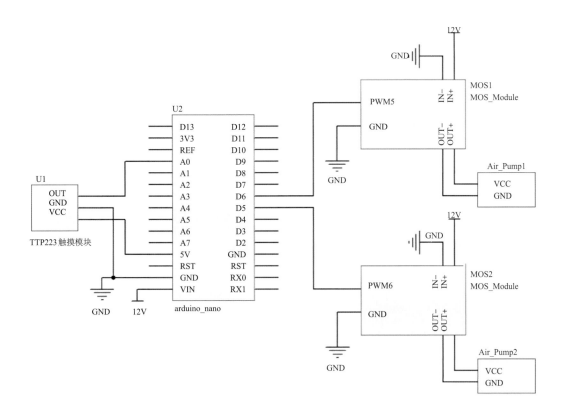

图3.27 智能交互技术原理

3.3.4 交互原理

　　针对生物仿生疏水表皮机理，项目组成员进行了大量结构样片制作试验，测试了多种材料，并设计了一系列具有仿生效果的动态结构。参考的生物结构包括开花的状态、羽毛的层叠效果、河豚的表皮结构、昆虫的甲壳等。

　　项目组通过控制气囊的形变使"羽毛"变换角度产生呼吸的效果，引导雨水的流向，避免打湿衣物。该结构改善了传统塑料雨衣的闷热触感，气囊伸缩支撑结构使用了柔性材料如TPU、竹纤维面料。充气结构由TPU导管进行串联供气，以便完成功能结构收缩。

3.3.5 方案表达

项目组利用纸质材料进行雨衣板型试验、基础气囊结构试验、生物仿生表面试验，考查了柔性功能雨衣的舒适性、结构性等。通过TPU透明材料进行整体雨衣的构建，雨衣的仿生疏水结构由硬质塑料组成。设计作品"羽衣"符合智能穿戴外观造型的趋势，更具有现代设计风格。如图3.28 ~ 图3.30所示。

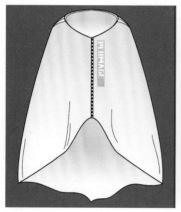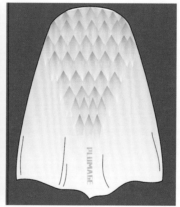

图3.28 初步方案效果图

图3.29 "羽衣"穿戴实拍效果图一　　图3.30 "羽衣"穿戴实拍效果图二

3.3.6　应用与拓展

本项目为未来服饰产品提供新的设计维度，其形变设计可衍生创新结构，应用在穿戴设计中，增强用户功能与感官体验。

3.4
可形变智能鞋底——Adapshoe❶

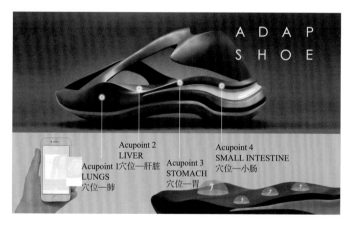

图3.31　可形变智能鞋底——Adapshoe

这是一款智能自适应鞋底，设计团队来自浙江大学工业设计专业，设计的初衷是：借用古人的智慧，通过形变按压来缓解因长期站立导致的静脉曲张。该团队对可形变的材质与驱动方式进行了研究，采用微型气泵、电磁阀来驱动硅胶材质起伏，如图3.31所示。该作品参展迪拜设计周。

3.4.1　研究背景

在中国，因久坐、久站的生活和工作方式而导致的健

❶ 作者：刘馨，王品豪，刘忆洲，张帆，等；指导教师：应放天，姚琤；单位：浙江大学。

康问题日益显著，例如抽筋、静脉曲张、消化和疲劳等问题，尤其是学生群体与上班族。而相应的解决方案比较匮乏，人们很难约束自己主动改变行为习惯，需要借助外力被动改善这种状况，如图3.32所示。

图3.32　人群定位研究

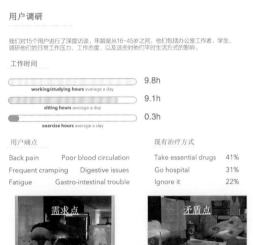

3.4.2　设计思路

该鞋子的灵感来源于传统中医的穴位按摩治疗。设计者在鞋底设置了四个按摩点，分别对应人体的肺、胃、肝和小肠，通过形变按压足底来缓解因长期站立导致的静脉曲张、抽筋、疲劳等问题，如图3.33所示。

3.4.3　交互原理

该设计团队测试了不同配比导致软

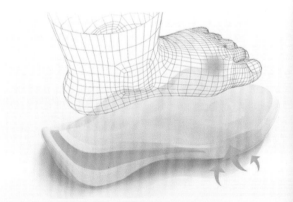

图3.33　设计灵感来源于传统中医穴位按摩

硬度差别的硅胶材料，并进行了硅胶形变研究，尝试在硅胶
下面设置气囊，并通过气泵充放气时长来驱动气囊的形变程
度和时间。通过开发的"ADAPSHOE"App可以控制不同穴
位起伏，实现穴位按摩，进而辅助人体治疗，如图3.34所示。

图3.34　"ADAPSHOE" App

3.4.4　硬件技术

团队采用Arduino作为主控板，通过微型气泵、电磁阀
的充放气控制来驱动硅胶材质形变，如图3.35所示。

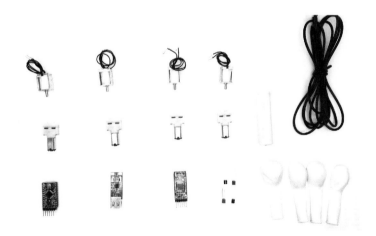

图3.35　设计用到的软件

3.4.5 方案表达

此款鞋子的外观采用流线型的造型，给人一种运动、健康、舒适的感觉。鞋底采用橡胶材质，当人踩上去时，柔软、舒适、轻便，如图3.36～图3.38所示。迪拜设计周主办方对该设计的评价为："此款设计为人类创造了一种新的生活方式，将人的行走潜移默化地转化为一种舒适的治疗方式。"此款设计在迪拜展览时引起了广泛关注，诠释了真正的"设计来源于生活，服务于人类的理念"。

图 3.36　Adapshoe效果图

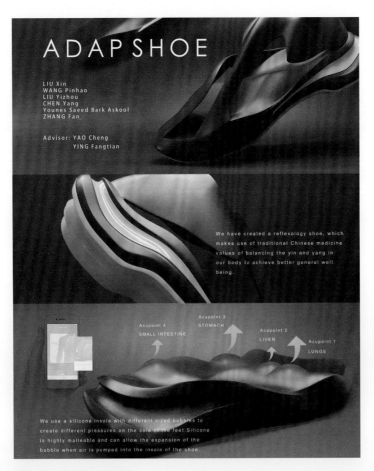

图 3.37　Adapshoe展板

图 3.38　模型效果实拍图

3.5

手部障碍者智能控制装备——F. LIVING[❶]

这是一款为手部障碍患者设计的智能交互控制装备，旨在帮助肢体障碍患者更好地操作智能电子设备，如图3.39所示。

图3.39　手部障碍者智能控制装备——F.LIVING

3.5.1　研究背景

手部障碍人群在我国数量众多，生活困难程度高。手部肢体缺失对于个人生活、参与社会实践、个人心理活动均产生了巨大影响。并且在新冠肺炎疫情影响下，残疾人面临着更加严峻的工作形势。互联网进一步发展，产生大量自由丰富的就业岗位。对于肢体障碍者而言这是一个再次走入社会、重新社会化的过程。但是在"互联网+"时代，由于计算机等智能产品和辅助工具缺失，残疾人对互联网了解较少，而手部障碍人士面对现有电子设备精细交互的操作方式使用效率更低。以上情况使他们即使工作也难以创造自身应有的社会经济价值。

---

❶ 作者：唐博；指导教师：张帆，杨九瑞；单位：北京服装学院。

并且现有手部假肢类功能代偿产品难以满足操作智能电子产品的需求，手部肢体障碍者缺乏智能交互辅助产品。如图3.40所示。

·PEST

政治
生活障碍者是困难群体中的贫中之贫、困中之困，帮扶更需精准施策。
国家大力鼓励残疾人群进入就业市场，得到更多教育，积极融入现代生活。

社会
手部肢体残疾人群因为身体功能缺失，导致难以在教育质量中得到保证，进而降低职业素质水平。
同时自身也有生理障碍和心里障碍，在就业中面临就业率低、就业质量低、就业薪资低、就业环境不稳定的困境。

经济
调查数据显示，2019年全国残疾人家庭人均年收入为16112.元，而交通支出8.9%，教育文化娱乐支出5.5%，远远低于普通居民。生活障碍者专用产品成本高，产品少，辅具少。

技术
互联网进一步发展为肢体障碍者提供更多就业渠道，缓解就业压力，同时互联网技术为智能化的无障碍自然交互操作带来可能。

·用户分析

王军　35岁　前互联网从业者，目前待在家中，双臂缺失，自理能力差。

双手缺失患者，虽然绝望伤心过，但生活还要继续，平时自理能力差，与妻子一起生活。现在不能做的事有很多，连开个电视都做不到，心里压力大，担心家庭经济收入，希望有新的产品帮助自己操作电子设备，通过电脑等设备找到一份工作。

用户特征：
1.自理能力差
2.电子设备操作不便，缺少辅助器具
3.努力融入信息时代，渴望与人交流，自尊，自立的生活

消费倾向：
生活辅助产品
复健康复
手部产品
智能便捷的产品

交流环境：
1.不敢走出家门
2.大多数时间与家人交流

·手部肢体残疾人士交互范围分析

缺失单根手指
日常生活影响较小，适应后可以正常操作电子设备。

缺失2根手指
按键产品交互范围受限，效率低，难以抓握控制旋钮、鼠标等工具，手指残缺，无法进行手势识别交互等。

仅保留半手掌
无法做出精细操作交互，手指功能丧失。

缺失手掌
无法做出手指类精细操作交互。

保留前臂
可以转动肘关节和肩关节。

保留上臂或肩关节
下上肢功能基本缺失。

肩关节切除
单侧手臂功能完全丧失。

两侧保留碗关节
上肢肢体可以相互接触，难以适应产品交互，但可以合并上肢进行交互。

两侧保留肘关节
上肢肢体接触困难，难以使两侧肢体接触完成交互。

两侧肩关节保留或丧失
上肢基本完全失去交互功能。

图3.40　前期调研与定位

3.5.2　设计思路

基于手部障碍人群交互行为探索柔性导电材料，设计多种参数化柔性导电结构，并结合手部障碍人群肢体特点设计新的交互方式——按压交互和隔空交互，将其转化为手部障碍人群的可穿戴智能控制设备。设计团队研究了柔性参数化导电材料的实际应用以及与可穿戴产品结合的可能性，使肢体障碍者能够使用智能设备，为肢体障碍者提供新型工作生活方式，提升生活质量，帮助障碍人群重新社会化。如图3.41和图3.42所示。

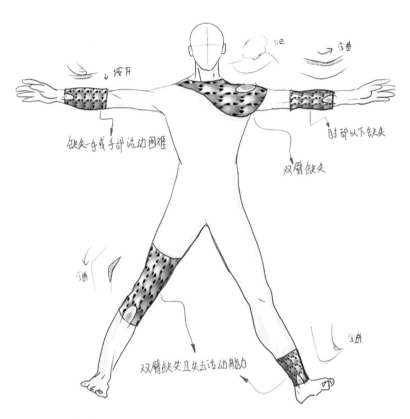

图3.41 可穿戴位置研究

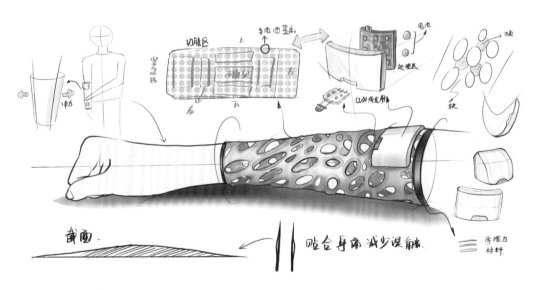

图3.42 方案设计草图

3.5.3　交互原理

柔性参数化导电结构应用在可穿戴产品上，适用于不同手部障碍者肢体缺失情况。能够通过柔性结构特性实现按压交互和隔空交互，实现非精细化操作。以上两种交互方式适用于肢体障碍者，能够帮助他们适应电子产品从而适应职业环境，融入互联网时代。如图3.43 ~ 图3.47所示。

① 产品表面涂抹导电油墨，按压使产品网格变形并产生电容改变，手部障碍人群控制计算机，代替鼠标的左右键

② 产品表面涂抹导电油墨，根据手与产品的隔空距离，远程控制灯光及其他家具产品

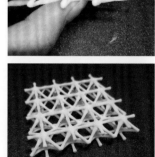

③ 电路板放置舱体

④ 一体式卡口结构，便于肢体障碍人群使用时穿脱

图3.43　人机交互流程

图3.44　交互设计试验过程

（1）参数化结构为双层或多层的柔性材料结构，并在双层结构内部两端附着导电材料，通过按压将材料两端接触在一起，达到通断电发送信号的目的。

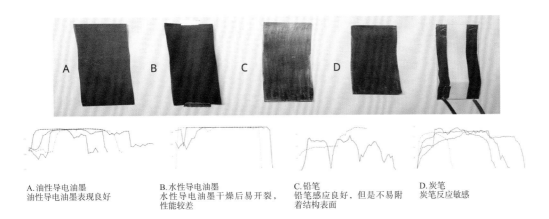

A.油性导电油墨
油性导电油墨表现良好

B.水性导电油墨
水性导电油墨干燥后易开裂，
性能较差

C.铅笔
铅笔感应良好，但是不易附
着结构表面

D.炭笔
炭笔反应敏感

图3.45　导电材料试验

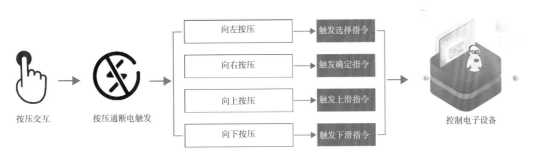

图3.46　按压交互逻辑图

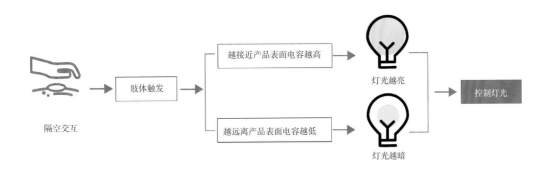

图3.47　隔空交互逻辑图

（2）在结构表面添加导电材料，作为可穿戴产品的载
体，通过导电材料感应隔空肢体的电容变化判断肢体距离，
发出不同信号，以达到控制电子产品、辅助肢体障碍者的

交互的目的。通过导电油墨判断肢体距离进而控制灯光变化。

3.5.4　方案表达

该产品造型方面，根据3D扫描不同人体参数自动生成骨架，骨架支撑参数化结构，并在骨架上留有"把手"便于穿脱。骨架有3处镂空，既是为了造型美观也是为了减轻重量。骨架之间形成渐变的参数化镂空结构，减轻重量并增加整体造型生动感，同时结合了弹性导电结构的功能性。产品设计可开合的按钮，便于手部障碍人群独立穿脱。整体造型便携、轻量化，实际模型测试中佩戴舒适度较高，摩擦身体或其他不适感较低。如图3.48~图3.51所示。

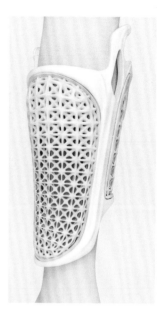

图3.48　产品渲染图

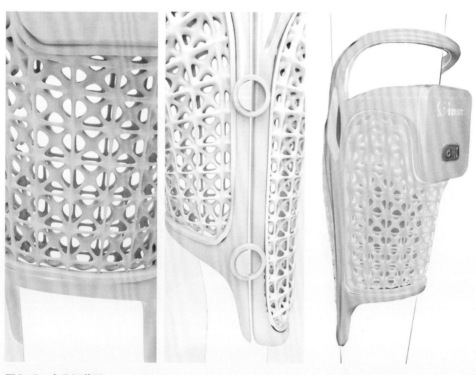

图3.49　产品细节图

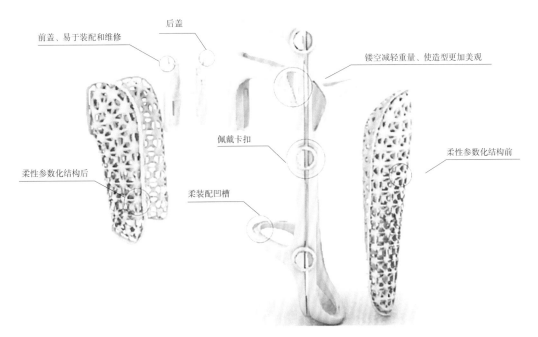

前盖、易于装配和维修   后盖
镂空减轻重量、使造型更加美观
佩戴卡扣
柔性参数化结构后
柔性参数化结构前
柔装配凹槽

图3.50 产品爆炸图

图3.51 产品实拍图

3.6

参考文献

[1] Amber Case. 交互的未来 [M]. 北京：人民邮电出版社，2017.

[2] 谢俊祥，张琳. 智能可穿戴设备及其应用 [J]. 中国医疗器械信息，2015（3）：18–23.

[3] 孙效华，冯泽西. 可穿戴设备交互设计研究 [J]. 装饰，2014（2）：28–33.

[4] Available from:https://baike.baidu.com/item/ 可穿戴技术.

[5] 韩文雅. 基于交互设计技术的可穿戴式智能设备设计 [D]. 北京：华北电力大学，2015.

智能出行交互
服务设计

开 4

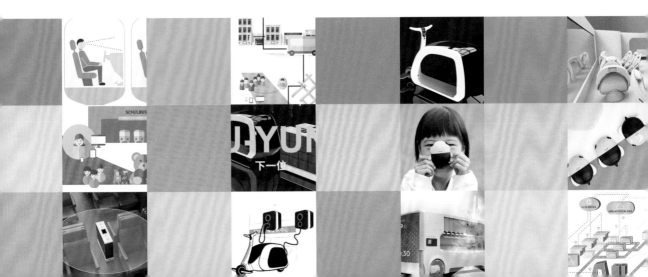

4.1

概述

4.1.1 关于"出行"的历史演变

"出行"离不开"路"，在智能出行的发展历程中除了交通工具和出行产品外，还有基础设施的建设，道路和空间的规划等因素。在我国古代，原始的道路是由人践踏而形成的小径[1]。东汉训诂书《释名》❶解释道路为"道，蹈也，路，露也，人所践蹈而露见也"。随着商朝、秦朝对道路的改进，在汉朝时，张骞两次出使西域，远抵大夏国（即今阿富汗北部）。唐朝时期，为了保持道路畅通无阻，已经开始对道路开展日常养护。随后的宋朝、元朝、明朝时期，在过去的道路建设基础上有所提高，在全国范围内形成7条主干道，与无数条支干道纵横交错，形成了宏大的道路网。

道路交通不仅为人们的出行提供了便利，在不同的时期和地理环境中也会赋予不同的意义。在古罗马时期，阶级权利在城市布局中便可一目了然，同时城市布局也具备极强的军事防御功能。整个城市的布局呈环形结构，宽阔

---

❶ 《释名》是东汉末年刘熙的作品，是一部专门探求事物名源的佳作。它从语言声音的角度来推求字义由来，并注意到当时的语音与古音的异同。

的道路（主干道宽6~12米）在整体环形的结构中呈网络状布局，便于军队快速调遣。由此可见，不同时期、不同的城市发展环境会极大地影响道路的规划布局，从而影响人们的生活方式。

在历史的长河中，人们经过了多次工业革命，推进了技术了变革。发展至今，已经迈入智能化时代，人们发现互联网逐渐串联起了身边的人、事、物，形成了"万物互联"。由此，为了推进智能时代的发展，专家学者和机构组织对于"智能出行"进行了全方位的研究，其中包括道路规划、通信技术、用户生活方式、交通工具、出行产品等。

在城市基础设计建设的过程中，众多企业纷纷开始增加对未来交通工具的研究与探索。早在20世纪80年代，汽车便逐渐步入电子化、智能化，新兴的电子技术取代汽车原来单纯的机电液操纵控制系统以适应对汽车安全、排放、节能等指标日益严格的要求[2]。到了21世纪，人们更加关注汽车的节能、环保和安全性。绿色能源汽车成为发展趋势，新能源汽车和电动汽车技术将是未来的一个主要发展方向。电动汽车在全球范围内正逐渐被消费者广泛接受。2010年后，智能技术在交通工具领域的发展有了突破性的进展。苹果公司（Apple）于2014年3月3日宣布推出车载系统（Carplay），此系统根据驾车用户的手机操作需求和习惯，使用户可以在驾驶车辆过程中更加便捷地使用手机常用功能，保证更安全的驾驶环境。

随着出行技术的不断进步，智能交通将在汽车电子化、车联网的基础上实现"用户 车辆 道路 网络"四方互联互动。2010~2015年，关于无人驾驶技术的专利申请剧增。从 2015 年开始，各大公司纷纷开始着手无人驾驶领域的研究开发，无人驾驶技术得到了空前重视。谷歌（Google）从 2009 年开始涉足无人驾驶的研究，2015 年进行公路测试。2017 年 11 月，Waymo 公司❶宣布开始在驾驶座上不配置安全驾驶员的情况下测试自动驾驶汽车。2018年 7 月，该公司宣布其自动驾驶车队在公共道路上的路测里程已达 800 万英里[3]。该公司的无人驾驶汽车从行为安全、功能安全、碰撞安全、操作安全和非碰撞安全等全方位进行测试，并且每一个方面都需要各种测试方法的组合。

2010 年以后，智能化的普及也极大地影响着汽车的内部结构，"人—车—互联网—路"的模式出现。从历史发展来看，汽车与电子、网络的联系越来越紧密。它所附带的辅助功能与服务功能逐渐加强。作为电动车发展的领头羊，特斯拉对汽车行业产生了巨大的颠覆，纯电动汽车特斯拉Model S 有着更大的屏幕，提供更多的信息量，汽车内饰向电子产品靠近。17 英寸屏使实体按键失去意义，车与网的互联实现了深度智能化，激进的辅助驾驶策略，使汽车向"无人驾驶时代"迈进了一大步。

纯电动车的布局结构彻底改变，很多曾经必须遵守的内饰设计都发生了改变。比如，不再需要容纳变速箱和换挡的中央通道，经典 T 字形布局改变为横向一字形。车内空间更加宽敞舒适，汽车不再是以单一的交通工具身份存在，而是发展成为除了居家和办公场所的第三空间。

---

❶ Waymo 是 Alphabet 于 2016 年 12 月 13 日拆分出来的一家自动驾驶汽车项目公司。"Waymo" 意思是 A new way forward in mobility（未来新的机动方式）。

4.1.2　无人驾驶技术的发展

自动驾驶汽车作为智能产品同样具备信息输入和输出的属性，信息输入端通常为GPS、雷达、光学雷达以及计算机视觉等传感技术手段，以达到感测周边环境和自身状态的目的。通过算法将信息计算并转化为道路导航、避障、视觉标识等输出属性的功能，完成自动驾驶任务。根据计算机算法和数据结构分析，自动驾驶汽车能透过感测输入的资料，更新其地图资讯，让交通工具可以持续追踪其位置[4]。1969年，人工智能的创始人之一约翰麦卡锡（John McCarthy）在一篇名为"计算机控制汽车"的文章中阐述了关于车辆自动行驶的设想。因当时技术发展受限，设想中提到"计算机司机"以人类司机的视角，通过电视摄像机捕捉路况，来帮助车辆进行道路导航。

为了减少人员的伤亡率，对于无人驾驶的研究，最早在军事领域。1925年8月，美国陆军电子工程师弗朗西斯 P. 霍迪尼（Francis P.Houdina）及其团队研制出世界第一辆"无人驾驶汽车"。但真正意义上的无人驾驶与远程遥控不同，而是交通工具自身搭载自动识别系统。

20世纪90年代初，卡内基梅隆大学的研究人员迪恩·波默洛（Dean Pomerleau）撰写的论文中阐述了如何通过神经网络实现自动驾驶车辆，实时获取道路图像信息并输出方向控制的过程。同一时期，已经有一些研究人员致力于自动驾驶汽车的研究工作，但他所提出的神经网络法比其他尝试手动划分"道路"与"非道路"的方法更加便捷有效，为无人驾驶汽车研究奠定了理论基础。

人们对于无人驾驶车辆的研究绝不仅仅停留理论层面。

1995年，迪恩·波默洛和托德·乔契姆（Todd Jochem）在公路上真正试驾了他们所研发的"无人驾驶汽车"。这次测试重点是检测其对于道路识别的情况，在人为控制速度和刹车的前提下，他们驾驶车辆行驶了2797英里，完成了"不用手驾驶横跨美国"的任务。

2009年，谷歌在美国国防部高级研究计划局（简称DARPA）的支持下，成立谷歌X实验室，目标是完全无人驾驶技术，开启无人驾驶汽车研究的新时代[5]。2014年5月，谷歌无人驾驶汽车正式发布，2015年6月正式在美国加州的公路测试，路测推动了相关法律的完善。2016年是自动驾驶技术发展的元年，相应产业链日渐完善。

随着无人驾驶技术的探索，人们将无人驾驶划分为5个等级，代表了技术发展的程度以及对人驾驶行为的解放度，如图4.1所示。

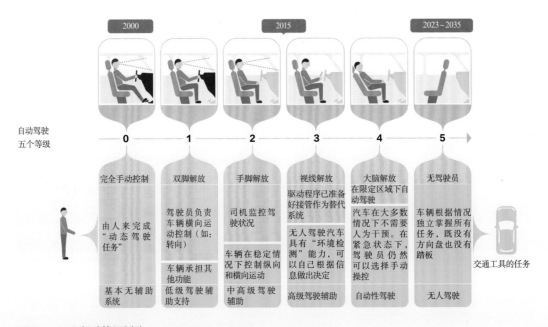

图4.1 无人驾驶等级划分

（1）0级。现如今的道路上行驶的大多数汽车都是0级：手动控制。由人来完成"动态驾驶任务"，尽管可能有相应的系统来辅助驾驶员，如紧急制动系统，但从技术方面来讲，该辅助系统并未主动"驱动"车辆，所以不能够归为自动化驾驶。

（2）1级。这是驾驶自动化的最低级别，车辆具有单独的自动化驾驶员辅助系统，如转向或加速（巡航控制）。自适应巡航控制系统可以让车辆与前车保持安全距离，驾驶员负责监控驾驶的其他方面（如转向和制动），因此符合1级标准。

（3）2级。在这个级别中高级驾驶辅助系统（Advanced Driving Assistance System）发挥作用，车辆能够控制转向以及加速或减速。因为有驾驶员坐在汽车座位上，并且可以随时控制汽车，所以这一阶段的自动驾驶还算不上无人驾驶。特斯拉的Autopilot和凯迪拉克（通用汽车）的Super Cruise系统都符合2级标准[6]。

（4）3级。从技术角度来看，从2级到3级实现了重大飞跃，但从驾驶人员的角度来看，差别并不明显。3级无人驾驶汽车具有"环境检测"能力，可以根据环境信息自主做出决定，如加速经过缓慢行驶的车辆。但是这个级别仍然需要人类操控。驾驶员必须保持警觉，并且在系统无法执行任务时进行操控。

（5）4级。3级和4级自动化之间的关键区别在于，如果发生意外或系统失效，4级自动驾驶汽车可以进行干预。从这个意义上来说，达到4级汽车在大多数情况下不需要人为干预。但是驾驶员仍然可以选择手动操控。

4级自动驾驶汽车可以采用无人驾驶模式运行。但由于立法和基础设施发展欠缺，4级无人驾驶汽车只能在限定区域行驶（通常是在城市路况，最高平均速度达30英里/小时）。这被称为地理围栏（Geo-fencing）。因此，现有的大多数4级自动驾驶汽车都面向共享出行领域。

（6）5级。5级自动驾驶汽车不需要人为关注，从而免除了"动态驾驶任务"，甚至都不会有方向盘或加速/制动踏板，也不受地理围栏限制，能够去任何地方并完成任何有经验的人类驾驶员可以完成的操控。完全自动驾驶的汽车正在世界各地的几个试点区进行测试，但尚未向公众提供。完全自动驾驶车辆实现的服务和应用场景将是颠覆式的，人们可以不再受移动的限制，执行各项事情。接下来的三小节内容将介绍无人驾驶技术在不同场景下的设计应用，探讨使用无人驾驶技术的产品在未来场景下应用的可能性与可行性。

4.1.3　智能出行交互设计趋势

智能出行也称智能交通，是指借助先进技术将传统交通与互联网进行整合，通过线上控制，形成交通高效运行的新模式，如移动互联网、云计算、计算机图像学、大数据、机器学习、物联网等。智能出行系统，利用卫星定位、图像分析、高性能计算等技术，将城市道路交通系统感知、分析的路况数据实时提供给出行用户，方便用户进行出行规划、路况判断等。智能出行一方面辅助交通管理部门制定管理方案，促进城市运行效率的提升以及节能减排；另一方面，根据对驾驶员行为分析、判断，实现公众出行多模式动态导航，提高出行效率。未来智慧出行呈现出自然、多模态的交互趋势，具体包括以下几方面：

（1）介入式用户界面。智能体从被动交互开始转变为主动交互行为；

（2）多模态交互。人脸、手势等通道更多地出现在产品中，多模态融合交互成为主流交互形式；

（3）自然交互。符合人类本能的交互行为，提升交互的可用性、易学性、记忆性等，如语音交互技术更趋向于人类自然对话体验；

（4）拟人化交互。智能体开始拥有明显人设，并开始拥有情感判断及反馈功能，例如，"siri""小爱同学"在对话过程中能够进行幽默的反馈。

4.2
基于高铁网络订餐服务的配套智能运输设备[❶]

U-YUN是一款为高铁乘客提供饮食而设计的产品，该产品旨在通过智能运输配餐车、移动端 App 的设计，对高铁网上订餐服务系统进行优化，如图4.2所示。

4.2.1 设计背景

在庞大的交通基础设施体系中，存在着各种各样的微

---

❶ 作者：王斯静；指导老师：苏艺，关键，陈晓华；单位：北京服装学院。

图4.2　基于高铁网络订餐服务的配套智能运输设备

场景，而这些微场景将构建服务系统，影响人们的行为和体验。随着我国高速铁路的飞速发展，人们对于铁路餐饮服务需求的不断加大，我国于2017年7月开通了"高铁外卖"服务。自开通以来，高铁外卖的成交额逐年攀升，而配送效率、餐食性价比及体验感等因素制约了我国高速铁路网络订餐服务的发展。

4.2.2　设计思路

在此设计案例中，以高铁网上订餐服务为研究对象，通过对天津西站和石家庄站两个站点的深入调研分析，以及对乘客、商家、配送中心、配送员等相关者的深入采访研究，剖析了在分类环节、运输环节、交接环节等环节中存在的问题。基于这些因素和对所有相关触点的考虑，展开了设计项目的实践，为"高铁外卖"构建新的外卖配送系统和配送终端。通过智能运输配餐车、移动端 App 的设计，对高铁网上订餐服务系统进行优化。基于微环境中的自动驾驶技术对于未来优化高铁网上订餐服务系统提供了可借鉴的方案。

4.2.3　产品介绍

U–YUN的形式主要有子体与母体两种，而衍生出的其他产品为充电桩，可为母体产品充电，如图4.3所示。

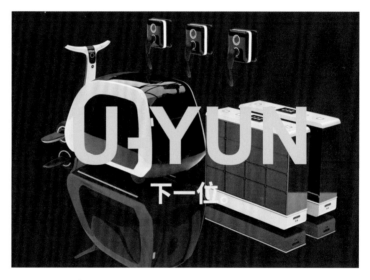

图4.3　产品效果图

4.2.3.1　母体（U运）

母体产品为运输车，充当配送员的代步工具，它的主要用途为携带子体进行站内运输。当不需要配送员配送时，它便在配送中心充电桩前充电随时待命，而当需要配送员配送时，它就可以携带两个子体进行运输工作，减轻了配送员的疲劳感，解脱配送员负重步行压力，让配送过程更轻松、更高效，并且平均配送量也大幅提高，以应对未来订单量不断增长的态势，如图4.4所示。

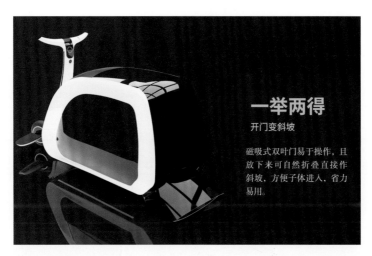

图4.4　母体（U运）

4.2.3.2　子体（U小运）

子体产品主要在高速铁路网络订餐配送中心与列车车厢内发挥作用。在配送中心，它充当待送订单的存柜，商家将订单餐食存入标有指定列车序列号的存柜中，等待配送员配送，无须工作人员进行分拣就自然而然分类完成。当需要配送时，配送员可直接将子体产品放入母体产品中进行运输。到达站台后，配送员将子体取出直接交予乘务员，代替传统配送员将外卖一个一个取出转移给乘务员的过程。在列车车厢内，它又充当辅助乘务员送餐的角色，子体会通过高精度激光雷达实时定位，根据自身所在位置判断离自身所在位置最近距离的订单配送座位位置，进行自主移动配送，承担乘务员配送高铁外卖的机械式、简单耗时的工作，并且给乘客更高效、更自主、更安全、更卫生、更有趣、互动性更强的订餐服务体验。乘客可通过订单成功后后台生成的二维码取餐，更加方便快捷。如图4.5所示。

图4.5 子体（U小运）

4.2.4 技术应用

4.2.4.1 自主导航

为提高用户体验，解放乘务员双手，摆脱机械化的、烦琐的外卖送餐工作，U小运利用高精度的激光雷达，在列车内实现完全自主移动配送，动态路线规划实现自主导航，如图4.6所示。

（1）多传感器融合。多传感器融合（simultaneous localization and mapping，SLAM），就是即时定位与地图

图4.6 自主导航

构建，通俗来说，就是一个自主移动机器人能否在陌生环境下、未知的位置上，边移动边描绘出实时的环境地图。SLAM 是自主移动机器人的核心，是最重要的部分。SLAM 有很多种，根据传感器可划分为视觉 SLAM、激光雷达 SLAM、超声波 SLAM、惯性导航 SLAM。然而，像这样单一传感器构建的 SLAM 都会有各种各样的缺陷与问题，为了满足高精准度与更强的可靠性，通常会"取长补短"，使用多种传感器融合构建 SLAM 进行机器人的自主导航会收获高精确度、强适应性、强可靠度的导航效果。

（2）激光雷达与视觉传感多传感器融合。说到多传感器融合，目前最为热门、使用最广的就是激光雷达与视觉传感器融合的 SLAM（简称"激光与视觉融合"或"SLAM"），这两种传感器的 SLAM 也是目前最为成熟的 SLAM。多传感器融合可以做到"取长补短"：激光雷达 SLAM 的长处在于局部定位能力强，可获得较强的深度信息，短处在于全局定位能力差，且垂直分辨率低、对环境特征不敏感；而视觉传感 SLAM 的长处恰恰相反，在于全局定位能力强，且可以获得丰富的环境特征，短处在于局部定位能力差，且受制于环境光照。如此一来，激光与视觉融合 SLAM 彼此取长补短，获得了高精度的实时定位与多维地图，便可以实现 U 小运在列车车厢内的动态路径规划、感知认知、完全自主导航与自主移动任务。

4.2.4.2 智能避障

在列车车厢内环境十分狭窄，乘客行走也非常密集，需要配送车进行智能避障。通过多种传感器进行高频激光扫描联合工作，使 U 小运能够 360 度全方位感知障碍物，并做出及时反馈，必要时会进行语音提示行人、与 U 小运互动玩耍的小孩进行避让或自我高效避开障碍物，做到安全、可靠、高效。

为了保证车厢内行走的乘客，尤其是小孩的安全，U 小运必须能够在列车车厢内的狭小过道里灵活安全地避障。为了能更好地使 U 小运 360 度全方位感知障碍物，需要多种传感器共同完成对周边环境的感知与及时反馈。这里的 U 小运主要采用激光雷达与超声波避障技术，可 360 度高频激光扫描，安全避障，如图4.7所示。

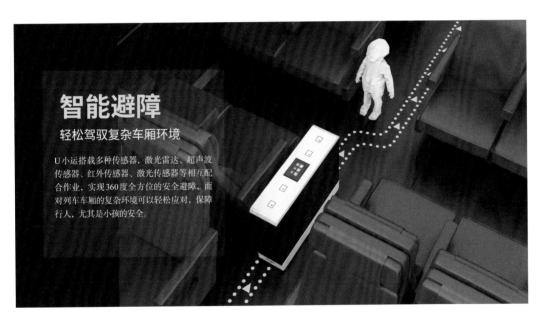

图4.7　智能避障

4.2.5　软件与服务

本项目的目的是给订餐乘客提供更好的线下服务体验，给配送中心工作人员、配送员、乘务员等工作人员提供更便利、更快捷的服务，并帮助高铁外卖服务更加高效合理地运行。设计并优化移动终端，为订餐乘客提供更好的线上服务体验以及售后服务。本项目共分为两大部分：智能高铁外卖运输配餐车及充电装备。

母体运输车作为站内配送员的代步工具，可以进行自由转向、声光提示；子体配送车作为列车内自主配送餐食的智能配送车，具有自主导航、智能避障、发送短信、语音交互、自动回充的功能；充电桩Ⅰ号负责母体运输车的充电需求，坐标位于配送中心；充电桩Ⅱ号负责子体配送车的充电需求，坐标位于列车餐厅内，可协助子体配送车进行自主定位回充。如图4.8所示。

移动终端的设计新增了订单信息、物流追踪、线上客服、售后服务、自动生成购票车次等功能，优化了当前高铁外卖移动终端不完善的地方，力图给用户更便捷、更直

地点：网络订餐配送中心
店员提前40分钟通过二维码将餐存入子体

地点：网络订餐配送中心
配送中心充当充电站，母体充电，随时待命

地点：网络订餐配送中心
子体放入母体，配送员驾车进入站台等候

地点：高铁站站台
交接指定地点：1车厢（前）、9车厢（后）配送员取出"子体"直接交予乘务员

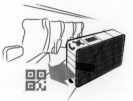
地点：列车车厢内
U小运自主导航进行外卖派送智能避障、短信提示、语音交互

地点：列车餐厅内
子体完成任务后自动回充，待下一站点时，乘务员送下车与配送员交换

图4.8　使用流程

观化的移动终端体验。如图4.9所示。

图4.9   移动终端

4.2.6   应用与拓展

随着国民对高铁服务的要求越来越高，对于"高铁外卖"这一高铁餐饮新模式一直持有期待，但目前由于经验不足导致其中出现了很多问题，整个服务体系还需要深入考量与优化。本文对高铁网络订餐服务进行了十分深入与细致的调研，分析各个利益相关方的需求，结合先进的智能科技成果，为乘客及相关方提供更好的使用体验。笔者的优化方案为未来高铁外卖服务的发展提供了一定的参考与创新方向。

4.3

"土成活力"移动无人餐食售卖系统[①]

　　"土成活力"是一个以自动驾驶车辆为载体，为大城市上班族提供餐食的服务系统。此设计为自动驾驶技术在城市通勤场景下的应用提供了可能性，如图4.10所示。

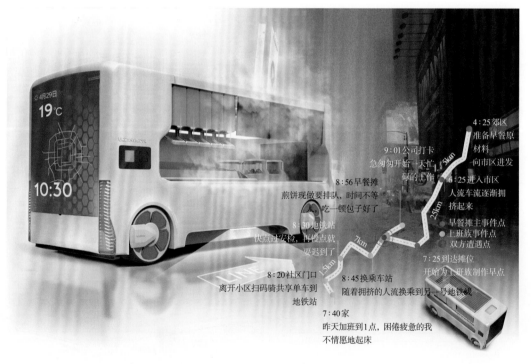

图4.10　"土成活力"移动无人餐食售卖系统

[①]　作者：李浩；指导老师：崔艺铭，何颂飞；单位：北京服装学院。

4.3.1 研究背景

城市是构建人们生活方式的载体。在经济蓬勃发展的同时，城市压力不断累积，城市问题不断恶化。伴随全球化的浪潮，文化日趋同质化和风格化。这些都使得大城市千城一面，让人们渐渐丧失了对以往城市的期待与喜爱。此设计作品的前期研究从北京展开，通过用户访谈和用户跟踪等方法分析北京市上班族群一天的生活流程，配合问卷和大数据分析人们的早餐质量。最后，结合智能出行技术，为缓解城市上班族群的早餐压力提供可能的解决方案。

4.3.2 设计思路

"土成活力"移动无人餐食售卖系统的竞争对手包括但不限于便利店、无人超市、无人售货机、流动摊贩等。在前期对用户的调研中，发现早晨的时间对于上班族来说十分紧张。传统早餐售卖地点与上班族通勤线路往往不重合，导致消费者需要绕道前去购买，并且无法提前知道售卖地点附近的人流和排队状况，路程的增加和排队时间的不可预见增加了用户前往购买早餐的抵触心理。此外，少数临近通勤路线的售卖点，如便利店、餐厅都面临巨大的地租压力，这也使它们的主要经营对象并不是针对早餐的原因。而移动餐车既不需要消费者绕路前往早餐销售点，又可以直观看到排队情况从而预估出上班前的剩余时间。

另外，"土成活力"餐食售卖系统的愿景不止于餐食运送，而是建立餐食原料种植、提供和运送的系统。如图4.11所示，开展以用户为主线的服务扩展，用户在获取食物时通过广告信息和食品包装信息了解到食物产地，并可以通过App或网站联系到当地农场，参与当地食物种植

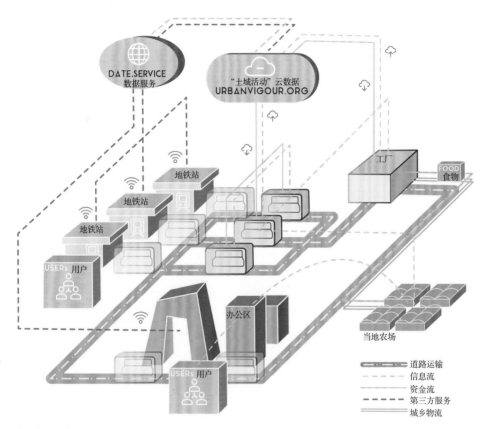

图4.11 "土成活力"餐食售卖系统

和相关活动。这不仅可以增加市民对食物的热爱和对早餐健康的关注，也提高了当地农场的收入，扩大了经营范围，从而推动城乡的连接和发展。当地农场也会收到来自企业的数据分析，合理改变种植种类比例，更好地应对市场供应平衡和消费者偏好，还有望通过系统的构建连接城市居民和当地农场种植，推动农村旅游业的发展。同时，搭载自动驾驶技术的餐车随城市时间和空间变化而移动，最大化利用城市空间，提高使用效率。

4.3.3 硬件技术

根据用户和产品运行的需求，"土成活力"餐食车共需要搭载8个电器设备，统一使用220V交流电。其中大功率电器设备包括：空调系统（1KW）、鲜食售卖机（5KW）、2台37寸显示器（2KW）、1台挡风玻璃显示器（5KW）。关于整车尺寸、售卖窗口和平台尺寸的设计，可通过国标数据和模拟拿取食品试验确定，并通过原尺寸胶带图来验证人机关系合理性，使消费者能快速便捷地获取食物。在参考人身高和行为动作后，经过反复调整修正，使饮料机拿取高度、排列密度、支付传感器位置更加真实化与合理化。并模拟在实际应用情景和地铁站周围环境的融洽度。餐车具体结构如图4.12所示，用户使用流程如图4.13所示。

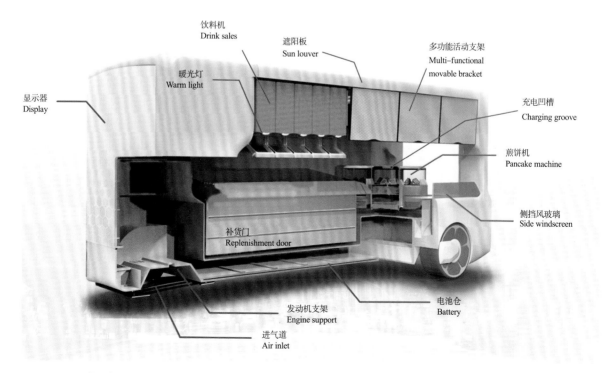

图4.12　"土成活力"餐车具体结构图

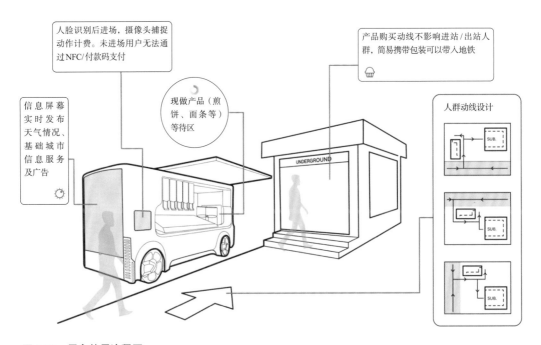

人脸识别后进场，摄像头捕捉动作计费。未进场用户无法通过 NFC/付款码支付

产品购买动线不影响进站/出站人群，简易携带包装可以带入地铁

信息屏幕实时发布天气情况、基础城市信息服务及广告

现做产品（煎饼、面条等）等待区

人群动线设计

图4.13　用户使用流程图

4.3.4　应用与拓展

2020年下半年，自动驾驶的无人餐车已经驶进了公众的视野。在上海地铁站旁，无人驾驶的零售车吸引了市民的关注，它能够自主驾驶及自助售卖服务。市民可以通过透明车身看到要选购的餐食，通过屏幕触碰、扫码支付即完成餐食购买。车身配备多个传感器，可以实现自主避让、危险预判、紧急制动，保证餐车在行驶途中的安全。这种新颖的餐食销售形式吸引消费者的同时，也受到商家的广泛关注。肯德基、必胜客等快餐品牌，搭载科技与设计的力量，一方面提高了销售量，另一方面达到了宣传推广的目的。在生活节奏快的一线城市，时间成本成为人们看中的因素。无人餐车这种招手即停，十几秒钟完成食物购买、拿取的使用体验，无疑是具有吸引力和竞争力的。如今，

智能技术的应用，已经在人们身边普及。无论是无人驾驶技术，还是无人餐厅的运营模式，都在预示着未来智能交互的发展不可限量。

4.4

基于青少年的智能出行服务系统[1]

4.4.1 智能校车服务系统

智能校车服务系统基于自动驾驶技术与信息识别技术。该系统设计包括KARRYBUS的内部交互空间以及服务流程，探索了未来无人驾驶技术在孩子、家长与校园之间的应用场景和交互方式，如图4.14所示。

4.4.1.1 研究背景

美国高速公路安全管理局（National Highway Traffic Safety Administration，NHTSA）的数据显示，2006～2015年10年间，与学生有关的死亡事故

图4.14 智能校车服务系统

---

❶ 作者：崔艺铭；单位：北京服装学院。

接近三分之二来自孩子从家到校车车站途中。特别是在交通路况较为复杂的大城市，孩子在上学、放学途中的安全成为很多家庭担忧的问题。但对于大多数家庭而言，孩子上学、放学时间往往与家长的通勤和工作时间冲突，因此，造成早上时间十分匆忙，很多家庭不得不拜托家中老人或者请保姆帮忙照顾孩子。从城市交通的运载压力来看，每个工作日早上和下午幼儿园和中小学门口就成了交通拥堵的重灾区，私家车、老年代步车、电动车、摩托车等将学校门口围得水泄不通，无疑进一步增加了通勤的压力。

4.4.1.2 设计思路

面临众多现实问题，作者于2017年开展了面对未来智能城市场景、基于自动驾驶技术与信息识别技术的校车系统设计尝试，设计了名为KARRYBUS的内部交互空间，并梳理了服务流程。力求探索未来无人驾驶技术在孩子、家长与校园之间的应用场景和交互方式。KARRYBUS的内部空间搭载可折叠交互屏幕、可移动安全座椅等设施设备，以满足不同场景下对于不同空间和功能的需求。如图4.15和图4.16所示。

图4.15 交互屏幕折叠方式

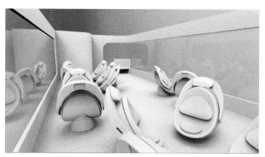

图4.16　可变化的空间布局方式

4.4.1.3　设计服务

　　KURRYBUS的应用场景主要有两种：孩子的日常接送场景和社会实践出行场景。在日常接送场景中，家长可以在KARRYBUS平台定制接送服务，并且能够在平台看到同一社区预定同一时间段接送服务的孩子的信息，从而建立社区关系网。进入KARRYBUS时，通过孩子或家长的面部识别信息与注册信息进行匹配，保证孩子的安全。KARRYBUS的行驶路线与行驶状态实时定位跟踪，家长端可实时看到孩子的位置，必要时通过安全座椅的语音系统与孩子进行沟通。老师也可以查看班内孩子的到校信息。放学时，KARRYBUS通过预定信息进行道路规划，完成孩子接送任务。如图4.17所示。

　　在社会实践出行场景中，则是通过团体预定的方式使

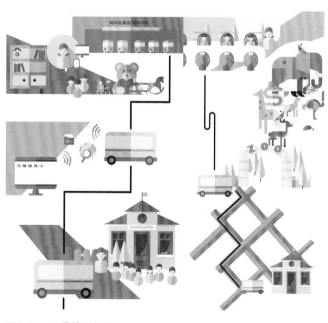

图4.17　日常接送场景

用KARRYBUS，除了完成点与点之间的移动任务，教师还可以通过空间内的交互屏幕对学生开展考察前的多媒体互动学习。如图4.18所示。

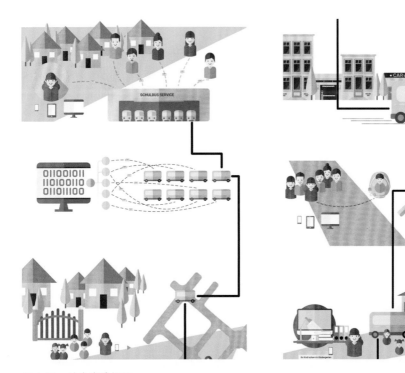

图4.18　社会实践场景

4.4.1.4　应用与展望

随着人工智能技术的快速发展，作为重要落地场景的自动驾驶汽车也进入了商业化"前夜"。目前，全球各国纷纷发布政策支持自动驾驶产业布局，相关企业也持续加大技术研发、车辆测试投入，试图掌握未来行业主导权。但是，考虑到孩子们各方面的安全因素，自动驾驶的校车应用发展是争议较大的应用领域之一。长期以来，一方面，自动驾驶汽车的发展受到了资本市场的追捧和政府的大力支持；另一方面，自动驾驶汽车的安全问题利剑高悬，始终是监管部门、相关企业和普通民众关注的焦点。作为运载"祖国花朵"的专用车辆，自动驾驶校车在安全上的要求应当是更高的。自动驾驶校车并非不能投入商用，而是时机未到。要想兼顾创新与安全，需要企业坚持不懈推动自动驾驶技术研发、政府持之以恒提供政策支撑，也需要企业坚守安全底线、政府落实监管职责。未来，当自动驾驶法规更为完善、交通基础设施发展成熟、自动驾驶技术水平提高，自动驾驶校车的商用将水到渠成。相信自动驾驶车辆与智能交互能够给广大学生、家庭以及校园提供更多的出行便利。

4.4.2 志愿者校内托管服务系统及儿童通信产品设计 ❶

如果说自动驾驶技术在校车领域的运用还为时尚早，那么面对现在儿童"接送难"的问题，是否有其他应对方案呢？作者设计了BEECare志愿者校内托管服务系统及儿童通信产品。如图4.19所示。

图4.19 志愿者校内托管服务系统及儿童通信产品设计

4.4.2.1 研究背景

对大部分家庭来说，接送"难"的根源在于学

---

❶ 作者：胡玥；指导老师：崔艺铭，何颂飞；单位：北京服装学院。

生放学时间与家长下班时间冲突，二者无法进行无缝衔接，产生的一段棘手的"真空时间"。如何对其进行填补利用，成为众多家长头痛的难题。从宏观角度上讲，这段"真空时间"造成的种种问题，本质上是我国在进行中小学生减负、规范中小学管理的教育改革过程，在社会经济发展进程中的不协调衍生出的产物，关系到学生成长、家长工作、学校利益、政府公信、社会发展等诸多方面。也正是因为"接送难"问题的复杂性和多重性，它需要家庭、学校、政府、社会共同参与。然而，课后服务在我国仍处于起步阶段，目前多地实施的课后活动基本上采取由政府主导购买、学校实施、家庭自愿参与的服务模式。缺少了社会资源的支撑，这一服务模式正在逐渐暴露出教师工作负担、政府财政压力等诸多问题的端倪。

4.4.2.2　研究思路与方法

服务设计作为后工业时代新兴的一项重要的跨领域综合性设计学科，是基于资源整合利用的一种全新的设计思维方法。以用户体验为核心，其"共创"的原则"让服务系统中所有利益相关者均参与到服务内容中进行创新设计"均与需要多元化配合参与的校内课后服务需求相吻合。基于此背景，本课题运用服务设计方法对当下我国义务教育小学阶段校内课后服务中的问题进行剖析，探寻合理高效引入社会资源的方式，从课后托管的服务模式、服务流程、用户体验等角度构建系统化、整体化的解决方案，进而完善校内课后服务，促进其优质提升，并最终让家庭、学校、政府、社会在这一服务系统内都能享受到应有的相关利益。见表4.1。

表 4.1   现行校内课后服务中主要利益相关者的需求

角色	需求	解决方式
用户　家长	时间更长，更加灵活的托管方式	引入社会资源
服务提供者　教师	课外工作负担过重	
资源支持者　地方政府	财政补贴过大	

　　利益相关者是服务设计中的一个重要概念。它不仅囊括了用户和服务提供者，而且包括与项目利益相关的所有人，例如服务提供者的合作伙伴、竞争对手等，都涵盖在此范围之内。表4.1中第一列将课后服务中涉及的主要利益相关者均赋予了角色职能，便于后续对其进行分析和阐述。通过整理可以看到，三个来自服务体系中不同角色的不同需求点均需要采用引入社会资源的模式进行辅助。因此，选择何种社会资源、如何引入社会资源便成了本节需要探讨的关键问题。

　　从种类上看，社会资源大致可以分为资金资源和人力资源两大类别。而服务提供者的时间和精力与用户需求的不对称是校内托管服务问题的根本矛盾冲突。在这样的情况下，无论多么雄厚的后备资金支持，也无法弥补校内课后托管在优质人力资源方面的短缺，更遑论目前在资金支持上同样遭遇的财政压力。因此，合适的社会人力资源——大学生志愿者，便是目前缓解课后托管严峻形势的首要选择。如图4.20所示。

4.4.2.3   设计服务

　　BEECare志愿者校内课后托管服务系统是设计者搭建的一套自助式课后托管服务预约平台。家长能在BEECare App家长端根据工作时间需要轻松预约孩子的看护日期和

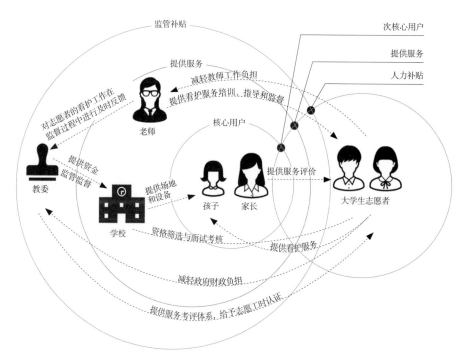

图4.20　利益相关者的相互关系

每天的看护时长，操作灵活性，对于延长看护时间的要求也能借此得到满足。而同样属于用户的大学生志愿者群体能够通过BEECare App志愿者端申请到离自己学校最近的小学，挑选最适合自己课余时间安排的时段申请看护志愿工作。配合服务评价体系作为服务质量的衡量标准，每次服务完成后都能收到来自家长的打分评价反馈。最终在后台将服务质量与服务时长通过综合统计，呈现在App的可视化界面上，方便志愿者随时查看自己积累的工作情况。当达到获得志愿工作证明的需求标准时，志愿者可随时在App上一键申领自己的志愿工作认证。如图4.21所示。

4.4.2.4　服务配套产品设计

由于绝大多数小学禁止携带手机、智能手表等设备，

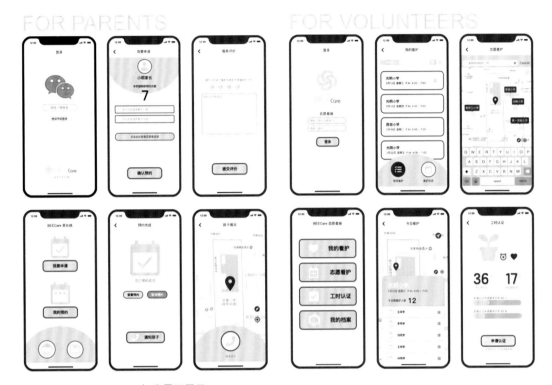

图4.21　*BEECare App 部分界面展示*

使得孩子与家长间无法及时交换信息。当家长或孩子任意一方在接送时段出现突然变动的不确定情况，如临时加班、临时拖堂或提早放学，双方便无法将自己的情况告知对方，导致其中一方只能原地焦急地等待。这种情况下，对于家长来说，至少可以联系到孩子的老师得知具体情况；但对于没有通信设备的孩子来说，若是遇到早放学的情况，便只能站在校门口处翘首以盼。

　　为了安全管理，小学家长通常是不允许进入校门的。因此，为了方便家长在到达学校时能及时地看到自己，经常会有小学生在寒冷的冬天不进室内，在门卫室外边写作业边等待家长的无奈情景。而放学时正是校门口车多人多的时刻，孩子在校门口等待家长的行为无疑增加了其安全风险。

学校禁止学生携带手机的主要原因：一是担心尚处于自控能力较弱阶段的孩子会分心从而影响上课，也正由于这一担忧，一些学校甚至禁止学生佩戴目前市面上一些功能繁多的儿童智能手表；二是年龄尚小的孩子携带这一类贵重物品一旦丢失，学校无法负责任；三是会引起学生之间不良的攀比风气。但家长与孩子间的及时沟通的需求却一直存在。从这一矛盾出发，作者设计了下面这一款功能极简、造价低廉的 BEECall 儿童通信定位徽章。如图 4.22 所示。

图4.22　产品效果图

在外观上，设计时考虑到儿童审美心理特征，采用圆滚滚的形态和高饱和的黄色更能吸引低年龄儿童的注意；而选择蜜蜂这一动物造型，不仅因为在小朋友心目中它是勤劳的正面符号化形象，还因为蜜蜂在自然界中有着极强的信息传递能力，它们能通过振翅、舞动等信号将信息传递给伙伴，而这一特点恰好与产品设计中"通信"这一根本出发点相吻合。

在产品功能的选择上，从家长与孩子最根本的需求出发，最终只保留了通话和定位这两项最实用的功能。考虑到成本因素，摒弃了传统的屏幕交互，改以蜜蜂肚子的灯光显示与儿童之间进行互动，节省成本的同时也避免了电子屏幕对儿童眼睛的伤害。BEECall 儿童通话定位徽章需配合 BEECare 志愿者校内课后托管服务系统一起使用。

4.4.2.5　设计展望

在该课题中提出的引入大学生志愿者的自助预约课后服务模式，是适应当下情况的一种初步解决方案。希望能为正在推进的教育改革与健全公共教育福利制度的发展过程里，提供一些将社会资源引入公共教育体系中的思路和方法，并在之后伴随公共教育福利的发展和完善，能够将其在升级后应用到诸如课后活动专业教师资源的获取与共享等教育发展服务问题上。同时，期望其他相关专家学者能够基于社会资源引入公共教育体系的方式这一话题进行更多的深入探讨，让每一个孩子都能在义务教育阶段享受到更为多样化的教育资源与教育服务。

4.5

参考文献

[1] 王成平.论区域文化在公路上的物化及实现路径[J].重庆交通大学学报（社会科学版），2009（5）:24-27.

[2] 陈程.基于CAN通信技术的TFT-LCD汽车组合仪表研究[D].重庆：重庆大学，2015.

[3] 章江.开启无人驾驶商业化时代[J].汽车与配件，2019（11）:44-46.

[4] 许征.人工智能的发展中所引发的伦理问题及对策[D].石家庄：河北经贸大学，2019.

[5] 马要娟.面向智能车的前方车辆识别技术研究及视觉感知系统设计[D].淄博：山东理工大学，2018.

[6] 左建平.汽车自动驾驶技术现状剖析及发展趋势研究[J].内燃机与配件，2018（12）:238-242.

IoT智能家居
交互设计

开 5

5.1

IoT智能家居交互设计概念与创新

5.1.1 IoT智能家居概述

谈到智能家居，首先要知道智能家居的概念是什么，都涵盖哪些领域的技术或者产品，能达到什么样的用户体验，简单的智能家电并不能算是智能家居。智能家居系统能替代一部分人工劳动，某些方面其实比用人工更安全、可靠和便捷。

首先，需要理解什么是物联网（internet of things, IoT）。物联网即"万物相连的互联网"，是互联网基础上的延伸和扩展的网络，将各种信息传感设备与网络结合起来而形成的一个巨大网络，实时采集任何需要监控、连接、互动的物体或过程，实现任何时间、任何地点，人、机、物的互联互通，实现对物品和过程的智能化感知、识别和管理。

那么智能家居的定义是什么呢？智能家居是物联网在家庭中的基础应用。智能家居（smart home）是以住宅为平台，利用综合布线技术、网络通信技术、安全防范技术、自动控制技术、影音视频技术将家居生活有关的设施集成，构建高效的住宅设施与家庭日常事务的管理系统，提升家居安全性、便利性、舒适性、艺术性，并实现环保节能的居住环境[1]。简单说明一下，智能家居系统的载体首先是要以住宅为依托，就是人们的居住场所。当然办公空间或者其他公共空间也有相应的智能系统，只不过应用场景不同，其功能和交互方式也会有所不同。在一个商场里面，可能顾客更多的是体验购物的过程，温度的变化交给管理人员或者空调系统。顾客很难因自己冷、热就去改变空调设置，个人通过增减衣物来调节。

其次，智能家居系统，最好是装修前就有计划到底加入哪些智能模块。首要考虑的是网络系统，因为有些产品是无线连接的，还要预留好电源位置，毕竟这些设施工作都需要电源。预留电源的好处是，可以把插座或者电线隐藏起来，显得更加整洁，到处都是插座和电线非常影响美观。

智能家居，也称作家庭自动化，主要有三个优点：

（1）减少对环境的影响。通过控制窗户的摆设，利用自然光，通风或遮阴，确保需要电力和光时才启用系统，减少能源和水的使用。

（2）改善生活质量。智慧家庭提供适当的暖气、制冷、照明和浇水。

（3）在智能家居中使用自动化系统，节省电费和水费，提供可持续的室内环境[2]。

智能家居，其实和家里的私人管家比较像，会让人们的生活更轻松一点，只不过有时候也会有些烦恼，强制规范一些用户行为。选择智能家居更是选择了一种生活方式，所以不一定适合每个家庭。智能家居更多的应该是一种工具，发明工具的核心意义是为了通过它来轻松解决问题，而不是制造更多的问题，更不应该占用大家过多的精力和时间进行调试安装，学习成本也要很低才行。打造一套智能家居系统，需要付出一定的成本，这个成本可能是学习成本，也有可能是金钱成本。

5.1.2　智能家居特征

目前市场上大多数的所谓"智能家居"，主要有以下特征：

※ 联网并支持手机控制

有遥控器的电器，把遥控器整合到了手机里；没有遥控器的电器，也可以用手机进行远程控制了。

※ 内置操作系统

功能手机与智能手机的区别，就是智能内置了操作系统。有了操作系统之后，就可以装 App，也就有了拓展的可能。因此，很多家电，内置了智能操作系统之后，就可以称自己为"智能"了。比如，很在意拓展性的电器，如电视、投影等，都用的这个方法。

※ 语音控制

在内置操作系统之后，很多智能家电开始加入语言控制功能。例如，很多智能电视、智能投影仪，都可以用语音进行控制。通过智能音箱来进行人机交互，是智能家居的入口和核心，因此也是"兵家必争之地"。

上面这三个特点，只是把家电智能化了，它还不是真正的智能家居，却是迈向智能家居重要的步骤。

真·智能家居：需要平台整合与预设协作

智能家居其实就像互联网，仅有一台计算机是不能叫

网络的，只有一两个智能家电，也不能叫智能家居。智能
家居的核心，是让所有的智能家电联动起来。比如，智能
灯光系统，不仅仅是用手机控制家里全部的灯光开关和明
暗而已，更应该是回家那一刻，就帮你开灯，并根据不同
情况调整灯光的配置，睡觉时自动关闭灯光，根据你起床
的时间，用灯光唤醒你。它联动了家里所有的开关、灯、
门锁、人体感应器、智能音箱甚至是电动窗帘滑轨。

5.1.3 智能家居技术实现

智能家居的实现绕不开其背后的网络通信技术框架。
智能家居的底层构架是三种主要的无线连接方式，即WiFi、
BLE（蓝牙）和Zigbee，代表了三种不同的通信方式。

WiFi大家都很熟悉，特点是一切以路由器为中心。只
要路由器一断开，整个系统直接崩溃。另外，WiFi需要长
时间待机，整体耗电量会比较高。但WiFi的好处是能直接
接入互联网，不需要额外的设备。

蓝牙是商用协议，任何厂家要用蓝牙，都要缴纳专利
费，所以价格比较贵。与WiFi最重要的区别是，蓝牙是去
中心化的，可以Mesh组网。Mesh组网的意思是，信号是
一个设备一个设备逐个传送的。如果有一个设备中断，信
号就会绕过它传输到其他设备。

Zigbee，普通人可能会陌生一些，但它已经非常成熟，
以前主要应用在机场、酒店等大型场所。后来人们发现，
它非常适合用来实现智能家居。Zigbee也是Mesh组网，兼
具稳定、安全的特征，但手机里没有内置Zigbee模块，因
此大部分用Zigbee协议的设备有一个网关。网关的功能就
是把Zigbee网络连接上WiFi网络，然后通过用户的手机查

看和控制智能家居。

　　根据功能对智能家居进行划分，可以将全屋智能分为八个模块：娱乐系统、安防系统、控制系统、照明系统、厨卫家电系统、网络及通信系统、健康医疗系统、室内环境系统。通过八个模块的共同联动，可以实现全屋智能。

5.1.4　智能家居控制方式

　　目前市场的智能家居的控制方式，已经算是很丰富多样，如本地控制、遥控控制、集中控制、手机远程控制、感应控制、网络控制、定时控制等，其本意是让人们摆脱烦琐的事务，提高效率。如果操作过程和程序设置过于烦琐，容易让用户产生排斥心理。所以在设计智能家居时一定要充分考虑用户体验，注重操作的便利化和直观性，最好能采用图形图像化的控制界面，让操作所见即所得。

　　智能家居的控制有些需要人来干预，也有很多在用户无感的时候自主处理一些事情，这是智能家居的重要组成部分。比如，对家居环境的监控、家电控制、防盗警报、煤气泄漏、智能消防等，这些都是在默默地实时监控着家庭的情况，根据预设参数进行智能控制和预警或警报。当然还可以增加一些增值的服务功能，如线上24小时管家服务体系、配套生活用品采购体系等。例如，有些高端豪华车和某高端手机品牌，背后都有一套增值服务体系，超脱于物品本身，更多的是一个服务的载体。

　　如何搭建一套智能家居？智能家居，核心就是万物互联。你需要尽可能地把家里的电器全部加入一个网络里，然后由一个统一的"大脑"进行分配和调动。在中国市场环境，有三条路可选：

（1）全屋单平台产品，代表是小米、Lifesmart。

（2）极客路线，跨平台互联，代表是树莓派或NAS自行装机，购买家具零配件，然后自己组装起来。

（3）全屋解决方案，代表是欧瑞博、海尔、紫光物联等服务商。请软装设计公司为你代劳布置，直接拎包入住。

智能家居作为一个新生产业，正处于导入期与成长期的临界点，市场消费观念尚未成熟。随着智能家居市场的不断推广，小米米家、Lifesmart、海尔等品牌不断培育消费者的使用习惯，可以期待智能家居产业将迎来光明的前景，并存在巨大的市场消费潜力。智能家居在我国的发展主要经历四个阶段：萌芽期、开创期、徘徊期、融合演变期。

5.1.5 智能家居交互设计原则

（1）实用性（usefulness）。智能家居的基本目标是为人们提供舒适、安全、便利、高效的生活环境。对智能家居产品来说，产品以实用性、易用性和人性化为主，以实用性为核心，去掉华而不实的功能，降低成本，提升用户体验[3]。

（2）标准性（standard）。智能家居系统方案的设计应依照国家、行业、地区的有关标准进行，确保系统的通用性和可扩展性，尤其在系统信号传输上采用标准的协议网络技术，保证不同品牌商之间的系统可以兼容与互联。系统的前端模块设备是开放的、可以扩展的、多样的，为用户的选购与安装提供便利。

（3）易用性（ease of use）。易用性包括两个层面，一个层面是，智能家庭的一个显著特点是安装、调试与维护的巨大工作量，带来人力物力的大量投入，针对这个问题，在产品、系统设计时，通过结构、交互过程的推敲，应考虑安装与维修的方便性；另一个层面是用户使用的易用性，通过软硬件的设计提升产品的易学性、可用性、记忆性等，无论是普通用户、老年用户，还是感官缺失用户，都能通过最优使用路径完成操作，因此需要考虑如界面布局、界面ICON、配色、造型语意等方面的设计。

（4）轻巧性（lightness）。轻巧性侧重于智能家居体积、重量方面，包括便携性、灵活性等。轻巧性是其与传统智能家居系统最大的区别，一般无须施工布线，功能可自由组合、性价比高、用户直接购买使用的智能家居产品称为"轻巧"型智能家居产品。

5.1.6　智能家居的未来交互设计趋势

智能家居给用户带来实用的功能、智能的体验。炎炎夏日，用户到家前就可利用手机、平板的App远程操作空调，调节室温。智能空调还可以学习用户的使用习惯，实现全自动的温控操作，用户回家就能立即享受到清凉的环境。智能手环内置可以监测血压、心率、步速的传感器，监测用户的生理健康以及运动效果，程序根据实时数据以及累计数据提出健康建议。终端软件设置智能灯的开关，并调控灯的亮度和颜色，为用户提供适应环境、心情、状态的灯光。智能牙刷提醒刷牙时间及位置，根据数据产生可视化图表，监测口腔的健康状况。

随着物联网技术的普及，智能家居产品涉及室内、室外的各个角落，呈现出如下特点：一方面，智能家居产品品类、概念扩展，除了传统家电的智能化，还包括智能灯光、智能门窗、智能安防、智能娱乐、智能环境监测、智能家庭机器人、智能健康监测、智能控制终端等；另一方面，智能家居体验设计在提升，如果把目前的智能家居设计称为1.0，那么未来2.0时代的智能家居将因技术、设计、体验的整合创新，给用户带来沉浸式、个性化、可成长、拟人化、自然化的智慧体验。种种家居生活因为物联网变得更加轻松、美好。未来智能家居设计中需考虑自然交互、动态交互、周边交互。

5.2
动态仿生——活体声音调控表皮[1]

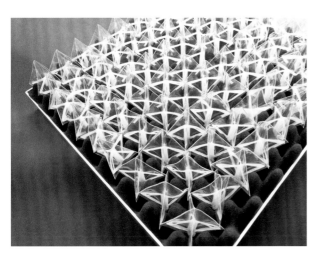

图5.1　活体声音调控表皮

"动态仿生——活体声音调控表皮"系统以墙面为载体，模块化、去零件化安装组合，通过气泵驱动结构形变引起吸音海绵裸露面积的变化，达到调控空间内噪声的效果。如图5.1所示。

5.2.1　研究背景

设计源于生活，从真实的问题中寻找答案，对设计师来说很重要。我们常常关注与用户视觉、

---

❶ 作者：朱泽一；指导教师：杨九瑞，张帆；单位：北京服装学院。

触觉产生交互的产品、空间、服务的问题，而忽略听觉的问题，听觉同样需要被设计。项目组选择的切入点是"乐音"。城市化高速发展导致噪声污染严重，已经对人们的身心健康造成了直接影响，据统计，97.0%的受访者遭受过噪声污染。声音健康作为一种日常居家养生而非疾病的治疗手段。但面对中国城市化与人口爆炸的加剧，人们不得不在日常工作（不仅仅是居家）中面对声音健康问题。许多工作空间同时充当会议室、休息室和餐厅，发挥多种功能时，对声音也有着多种需求。开会时需要绝对安静，而日常工作则需要少量噪声营造轻松投入的工作氛围。人们对于声音环境的定制化有着越来越强烈的需求。

5.2.2 设计思路

为了适应日益丰富、复杂的人机交互形式，扩展产品设计维度，本项目利用柔性材料特性，研究了基于参数化造型的动态仿生形变设计方法，并将该方法应用于智能产品，达到产品材料、形态、结构、交互方式的统一。通过模仿深海生物的呼吸律动，编程气囊阵列的充放气装置，依据变形改变降噪材料的外露面积与形态，进而影响降噪材料的吸音能力，达到调控室内声音的效果。产品融合于环境中，秉承去结构、去机械的设计思路，最终形成一层可以"呼吸、思考"的生物表皮，产生更接近本能与真实的联觉体验。项目首先根据自然生物形态，提取动态仿生元素与结构；其次基于柔性材料特性，分析生成动态仿生造型的折叠结构；最后，探索如何利用充气技术来驱动折叠结构进行柔性形变并产品化。未来可应用于大型建筑、交通工具等表皮，在街区的范围内与自然环境、人群、车辆等发生交互作用。以此讨论新型交互方式与产品在空间中更自然的存在形式。人工智能发展与控制论思辨为未来设计提供新思考维度，生物设计与参数化思维为其实现带来可能（图5.2）。

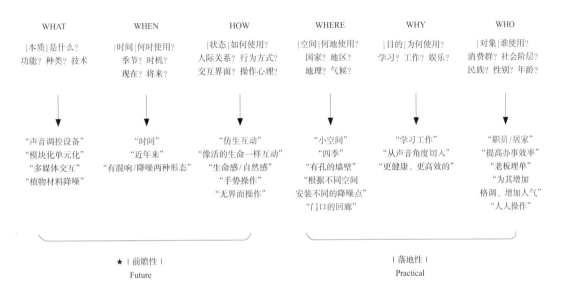

WHAT	WHEN	HOW	WHERE	WHY	WHO
|本质|是什么？ 功能？种类？技术	|时间|何时使用？ 季节？时机？ 现在？将来？	|状态|如何使用？ 人际关系？行为方式？ 交互界面？操作心理？	|空间|何地使用？ 国家？地区？ 地理？气候？	|目的|为何使用？ 学习？工作？娱乐？	|对象|谁使用？ 消费群？社会阶层？ 民族？性别？年龄？
"声音调控设备" "模块化单元化" "多媒体交互" "植物材料降噪"	"时间" "近年来" "有混响/降噪两种形态"	"仿生互动" "像活的生命一样互动" "生命感/自然感" "手势操作" "无界面操作"	"小空间" "四季" "有孔的墙壁" "根据不同空间 安装不同的降噪点" "门口的回廊"	"学习工作" "从声音角度切入" "更健康、更高效的"	"职员/居家" "提高办事效率" "老板埋单" "为其增加 格调、增加人气" "人人操作"

★ |前瞻性|
Future

|落地性|
Practical

图5.2   设计定位

5.2.3   交互原理

项目组一直在研究"动态仿生设计"，即通过动态结构使产品形态与功能充分结合的工业产品。本产品利用折叠的气囊模仿了深海生物呼吸律动的形态，并通过编程控制阵列的气囊充放气依次或同时变形，改变降噪材料外露的面积，进而影响降噪材料的吸音能力，从而达到定制式的控制室内声音的效果，希望用户产生深海生物的表皮的联想。深海生物由于要适应压力环境，大多是软体的，具有膨胀收缩的特征，这与设计的声音调控表皮需要的特征是一致的。用这种动态的仿生结构，达到产品的"形态即功能，功能即形态"，避免在设计过程中形式和功能两者的割裂，避免为了外观设计而设计。

随着现代技术的进步和完善，人们对于产品的购买诉求不单单限于产品的功能。功能性消费得到满足后会逐渐转变为感性消费，而这种感性消费打破了原有对工业设计的刻板定义，逐渐成为工业发展的趋势。仿生设计恰恰可以让产品在保证自身功能的前提下，满足消费者相应的情感化诉求，让设计回归自然属性，并且赋予产品一个新的生命象征，在此期间可以展现出人类特定的思想与情感。大自然是设计师最好的灵感库，自然中的动物、植物、微生物都值得被发掘和借鉴。如图5.3所示。

为了实现调节声音的功能和呼吸表皮的效果，一定要让产品具有可变形的特点。关于变形结构的实现和选择，机械结构很难适应柔性表面形变效果。机械结构、记忆材料都很难打破人们对于传统产品设计的印象。项目组期望该产品具有生命感和神秘感，能够与空间环境有机融合。最终，在阅读、参考了大量的生物信息资料后，选择了充气气囊，它恰恰是"生物的""未来感的"。"气"被认为是"不可塑形"的，但当它作为气囊变形的动力，"气"就有了"形"。换句话说，这种"可塑的形"又赋予了产品生命力，具有可塑性、柔性特征。气囊结构与吸音结构的契合，像"凹凸"一样紧紧"啮合"，达到最大的声音控制效率。既要考虑气囊变形的生物感，又要不影响吸音材料发挥作用。所以进行了一系列充气变形结构开发的工作，这是一个不断试错的过程。不同结构、不同材料的搭配组合常常有意想不到的效果。如图5.4所示。

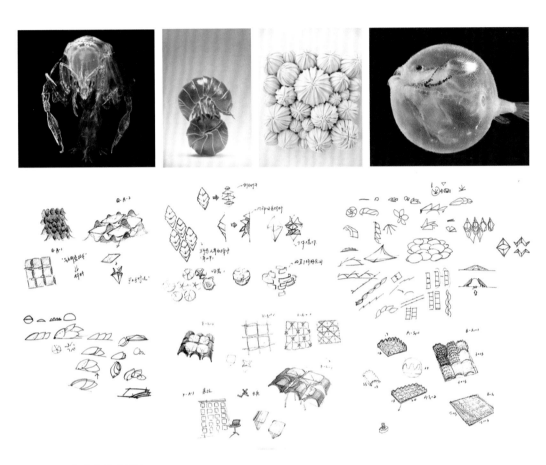

图5.3 深海生物仿生提取

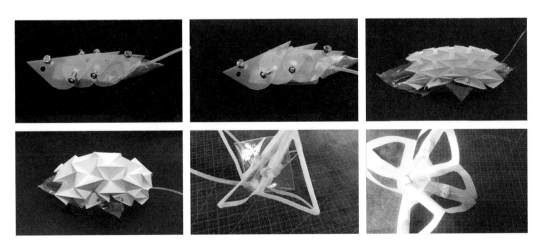

图5.4 气囊形变结构研究

从整体动态仿生结构研究来说，项目组是通过三维结构及智能化元件将自然界中原有的运动现象进行抽象模拟。动态仿生结构基本可以分为两类：生物式仿生（模拟动物的运动状态及生理结构）、自然式仿生（模拟自然环境中的运动状态）。项目组研究如何用抽象的方法提取自然、生物的韵律、运动状态等，概括出单体形态，排列组合形成参数化体系，制作出可变形的气囊结构表面，如图 5.5 ~ 图 5.7 所示。在此基础上加入智能化驱动方式（气体、电动机等），使动态仿生形变贴合产品功能，产生全新的交互模式，扩展产品的设计维度，提升用户对于动态、三维的想象空间。项目组成员进行了大量结构样片制作试验，测试了多种材料并设计了一系列具有仿生效果的动态结构，参

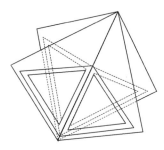

图5.5 单体结构设计：竹纤维表面

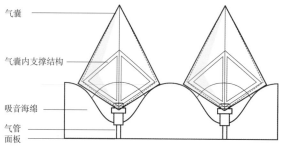
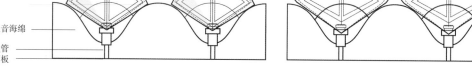

图5.6 气囊充放气状态

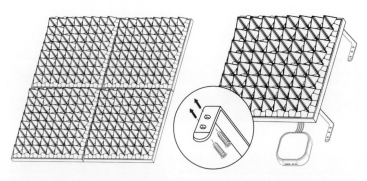

图5.7 组合结构示意图：阵列

考的生物结构包括开花的状态、羽毛的层叠效果、河豚的结构、昆虫的甲壳等。

5.2.4 硬件技术

波浪形的海绵与折叠棱锥形气囊的交错阵列设计，可达到以下效果：气囊收缩时，海绵裸露面积最大，吸音能力最强；气囊膨胀时，气囊完全遮挡海绵，海绵裸露面积最小，吸音能力最弱。

如图5.8所示，气囊的充气和吸气用同种气泵，气泵都有两个气孔：充气孔A（在顶部），吸气孔B（在侧面）。采用的方法是，用一个气泵专门负责充气，另一个气泵专门负责吸气。一组气囊通过转接头C相互连接在一起，并接通一个气泵的充气孔，同时接通一个吸气孔。气囊、气泵、转接头用气管D连接。

该气囊系统包括两部分：传感器采集部分和执行器部分。如图5.9所示。

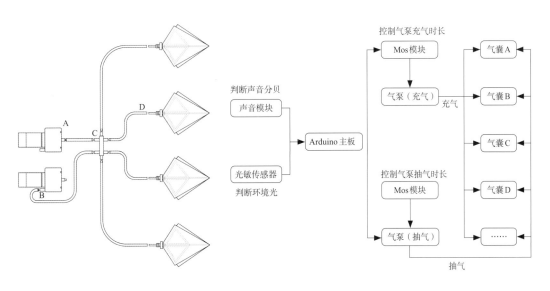

图5.8 气囊结构   图5.9 控制系统框架

※ *传感器采集部分*

主控器采用Arduino nano，实现逻辑编程、连接输入（声音传感器、光敏传感器）输出端[气泵、场效应管（MOS管）]；声音传感器采集声音分贝数据；光敏传感器采集环境光强度数据。

※ *执行器部分*

每一块墙砖配有一组（2个）气泵，1个负责充气和1个负责吸气，每个气泵由1个MOS管驱动电路，输入/输出接口（IO口）输出脉冲宽度调制（PWM）波来控制气泵功率输出，气泵和MOS管装在1个气泵盒内。

5.2.5　方案表达

设计作品采用气囊阵列的参数化风格造型，呈现出秩序感、平衡感。根据使用环境，墙砖可自由拼接并提供多种材质、配色，如图5.10～图5.12所示。

图5.10　实物效果图　　　　　图5.11　实物细节图——闭合与展开

图5.12 "第五届艺术与科学国际作品展"国家博物馆展出作品

5.2.6 应用与拓展

生物的表皮往往比人造物的表皮丰富得多，是功能与结构的完美融合。该设计作品是一款以仿生表皮为载体的产品设计。项目组抱着"试验性"的心态探讨一种新的产品设计方式。摆脱颜色（color）、材料（material）、工艺（finishing），即CMF的限制，讨论产品本身作为表皮的可能性。当然这都是需要新技术、新理论支撑的（控制论、仿生学、AI算法、新材料等）。在表皮属性的基础上，希望它是具有生物性的、更智能化的、隐匿于生活空间的。

在智能时代，产品设计也许到了走向新理论体系的时候了。随着信息技术与材料技术的发展，产品设计将去功能化并以更智能的方式与人交互，最终消失于建筑与空间中。该项目作为此进程探索的一种可能性方案，未来可应用于大型建筑、交通工具等表皮，在街区的范围内与自然环境、人群、车辆等发生交互。进一步讨论新型交互方式与产品在空间中更自然的存在形式。

5.3

N.H. 未来家庭空间可视化设计[❶]

　　将"空间可视化"概念应用于未来智能家居空间环境中，通过AR技术对环境调节中需要进行交互的信息进行图形语言和个性化风格呈现，用户能够以更直观的形式对家庭信息和数据进行解读以及操作。如图5.13所示。

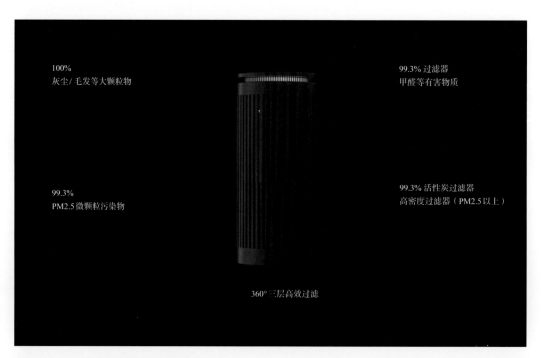

图5.13　N.H. 未来家庭空间可视化设计

❶ 作者：孙淳；指导教师：杨九瑞，张帆；单位：北京服装学院。

5.3.1   研究背景

智能家居是国内的新生产业，它其实是现代家庭生活中存在的传统行业领域进化而形成的全新家居领域，目前正处在一个并入家庭生活设施的导入期和普遍性之间的临界点，其市场的使用和消费观念并没有得到普及。但随着生活品质和对交互要求的提升，智能化的家庭产品会在今后进一步落实。受消费升级的影响，我国消费者更加迫切的追求智能的、健康的家电产品。并且5G技术和人工智能的不断深入；将会极大地推动智能家居之间的互动和联系，场景化的智慧家庭解决方案是现代家居产品的新标签，并伴随着消费者对健康的意识提升，室内环境健康产业市场一定会有新的增长，通过智能改善人居健康不再是概念。

智能家居是以家庭住宅空间为载体，是常规家庭产品的功能升级和有机结合。通过对设备的集中管理，提供具有便捷性、安全性及较高体验感的生活家居环境。随着居民对健康状态需求度提升，家庭生活的室内环境护理非常重要，尤其近几年人们对空气检测及护理有了更高的标准。常用的房间通风设备比较传统，如加湿器、净化器、新风系统等产品，功能比较恒定，交互方式非常单一，可视化程度不高。在追求交互感的当下以及未来的家庭生活中，进一步提升用户、环境与产品三者之间的交互感是整个智能家居行业的趋势。

5.3.2   设计思路

项目以未来家居环境的空气护理及质量检测交互界面为切入点，完善和升级环境调节产品的功能，深入贴合未来居民对人居健康环境的需求，将"空间可视化"概念应用于未来智能家居空间环境中。通过"空间可视化"技术对环境调节中需要进行交互的信息进行图形语言和个性化的处理，通过增强现实的技术让用户能够更直观地解读家庭信息和数据，在家庭空间内采取语音、手势等自然交互手段，打破当前用户手机操作及常规物理按键操作的限制，扩大使用者对交互界面的操作空间范围。项目经过对空间可视化交互设计的研究，改善未来人居环境的产品形式及交互方式，让空间可视化成为智能家居行业的全新概念；同时，对未来智能环境调节产品的发展提出创新思路，并以此思路为依据，改善和升级当下的环境调节软硬件产品。

5.3.3　交互原理

空间可视化，英文名称为"space visualization"，其基本意义是对一定空间内复杂的数据信息以及存在的元素进行视觉整理的呈现。空间可视化的技术概念应用于本项目中的有害污染物图形化、个性化风格处理。在识读信息的过程中，通过可视化的表现方式，降低因复杂信息状态给使用者带来的认知负荷，降低用户对不容易理解物质学名的认知难度，提升使用者空间界面的体验感，让用户在原本枯燥的使用过程中产生一种真实存在的参与感。

以本课题家庭空间为例，首先，物体和正在运行的空间范围所产生的体积，包括产品端可覆盖的最大面积，所有的交互流程将会在这个框架内运作；其次，使用者在现实生活中获取的信息会受到时间和空间的限制，空间可视化是将平面的信息延伸到立体的过程。

※ *信息可视化数据展示*

通过对室内环境调节系统功能的整理，列举出以下需要通过可视化来传达的信息，如图5.14所示。

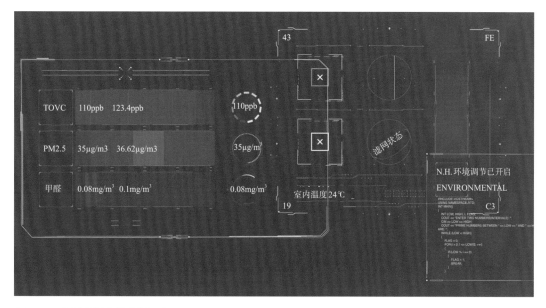

图5.14 空间可视化的素材语言

※ *工作流程的信息展示*

开机状态检测有害物质的容量通过名称或学名显示，污染程度则通过颜色显示（深蓝色<紫红色<橙黄色），工作状态的进度图形，家庭空间内的环境状态展示，净化完成后关机的状态。数据统计的信息展示三种最常见污染物（PM2.5、TOVC、甲醛）的室内容量统计图、24小时之内的数据统计图和7天之内的数据统计图。如图5.15所示。

※ *产品结构的信息展示*

展示的内容有过滤系统的寿命、机身内残存污染物的程度、产品电量及工作时间。常规部件的信息展示中，显示日期、时间、天气状况、室内外的温度、室内湿度、菜单和主页的部件按钮。如图5.16所示。

图5.15　空间可视化的实时数据统计图

图5.16　空间可视化的主要元素展示

5.3.4　硬件技术

本设计采用上下旋转的风机，延长进风口和出风口之间风力传达的力度，并在风机扇的边缘加软质的吸附材料，将吸入的有害物质多作一次净化处理，让出风口排出的气体更纯粹，机身内残存的灰尘将大幅降低，同时产生的声音也会降低，使空气净化效果更明显。如图5.17所示。

净化器产品机身主要由电动机、风机以及高效过滤网（HEPA）组成，如图5.18和图5.19所示。

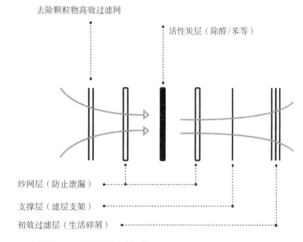

图5.17　滤网分层结构

图5.18　产品机身结构爆炸图

图5.19　HEPA过滤器

5.3.5 方案表达

外观发散的重点在于实现产品功能的基础上，把握未来的整体形象。一方面对圆柱体块进行加减的处理，形成简约独特的造型语言；另一方面增加产品细节，突出功能特征。在简单的圆柱体上找到符合空气流动的路径，机身采用沟槽设计来增加进出风口的面积，以此加速空气的流动。依据对未来设计的推测，采用色相较低的深灰色磨砂金属材质，整体造型简约时尚。在加工范围内选取最小圆角处理，和圆柱体的机身造型形成对比。取消传统的物理按键和LED屏幕，把设有显示工作状态的LED灯效和空间可视化信息进行联动。图5.20～图5.24所示为二维草图的方案推演绘制、手绘样机效果图、设计加工过程、产品效果图、产品场景图以及产品细节图。

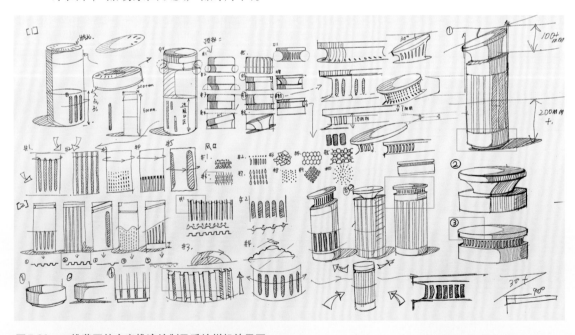

图5.20　二维草图的方案推演绘制及手绘样机效果图

图5.21　设计加工过程

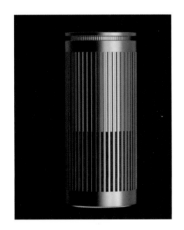

图5.22　产品效果图

图5.23　产品场景图

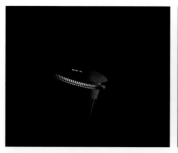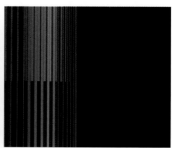

图5.24　产品细节图

5.3.6　应用与拓展

本项目以未来家居空气调节产品为例，归纳出家居空间范围内可视化设计方法，提出的空间可视化界面设计概念将会在未来的智能家居人机交互设计中广泛应用，根据个人喜好所形成全息显示的元素语言能准确地和设计产品互动，能够高效导出智能家庭空间内的所有想了解的信息。

5.4

Airflow动态仿生通气表皮空气护理系统[1]

未来家用及公共场所空气调节设备，是对现有通气设备（空调、空气净化器）单一形变出风口的再设计，旨在有效降低公共空间空气中的污染物，如图5.25所示。

---

[1] 作者：赵琦；指导教师：张帆，杨九瑞；单位：北京服装学院。

图5.25   Airflow动态仿生通气表皮空气护理系统

5.4.1   研究背景

现有空气调节设备的出风口大多是方式单一的单向、双向设计，无法多维度出风调节，容易造成排风死角、冷热不均、风力不均等问题。公共环境中会导致污染净化不均以及人体感官不适。人群密集程度以及密集区域空间的通风量是影响呼吸感染风险增加的主要因素。局部区域通风效应差，通风量不能达到人群密集区域的通风量需求，不仅二氧化碳排放量增加，呼吸暴露风险也会增加。单一形变并不能及时调节人群密集区域的空气质量问题，从而导致局部区域污染物超标。能否随着人群智能调节出风量、净化空气便成了此类设备在未来设计中的主要问题。如图5.26～图5.28所示。

现有市场上的空气调节设备缺乏创新与活力，导致市场份额下降。因此，"Airflow空气护理通气表皮"对原有单一形变的交互模式进行重新定义，改善公共场合人口密度与净化空气量等问题，开拓通气设备市场新物种。

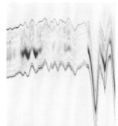 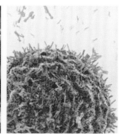

物理性污染
电磁辐射、噪声、温湿度

化学性污染
可吸入颗粒（PM2.5）、二
氧化碳、甲醛等

生物性污染
细菌、病毒、真菌等生物体
污染

图5.26　空气污染物调研

图5.27　公共场所空气调节设备出风口实地调研

67.23%　　　　57.14%　　　　79.59%　　　　79.63%

冷热不均
在室内环境中人们对空调最直
观的感受是冷热不均

在人群密集处呼吸不畅
在公共场合人群密集处会感到
些许呼吸不畅

戴口罩的情况下呼吸不畅
由于佩戴口罩，这种呼吸不畅
更加明显

担心所处位置的新风通风量
对自己的健康以及呼吸暴露
的风险很在乎

图5.28　现有空气调节设备存在问题深度访谈

5.4.2 设计思路

基于动态仿生结构的优点，将其应用在日常通气表皮设备的功能创新中，让通气设备的出气口产生多方位形变，改善与解决区域人群密度复杂性导致的空气护理效率低、耗能高等问题。动态仿生通气表皮的设计构成了更加有效的公共场所空气护理形式，同时从智能形变的角度探索了外观、结构、功能的协调一致性，扩展了未来智能电器设备的设计维度。如图5.29所示。

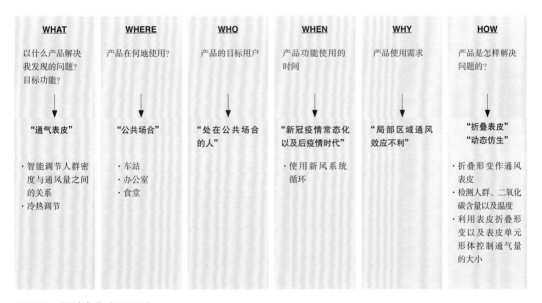

图5.29　设计定位（5H1H）

5.4.3 交互原理

Airflow动态仿生空气护理在调节的过程中需要与智能技术相配合。传感器监测空气质量以及人流，并反馈数据，经过计算得出表皮结构的伸缩量以及伸缩位置，最后表皮在形变后将优化的空气反馈给用户，如图5.30所示。

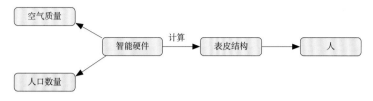

图5.30 中小型场所交互逻辑图

  大型公共场所人员流动更为复杂多变，单纯一个表皮结构远远达不到空气净化的需求，可以进行模块化表皮的拼接，并利用实时监控平台监测区域的人口数量，通过计算后反馈每片表皮所需要伸缩的程度、位置，以调整高质量空气的区域含量。如图5.31和图5.32所示。

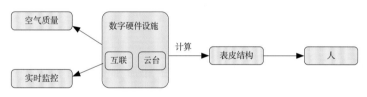

图5.31 大型公共场所交互逻辑图

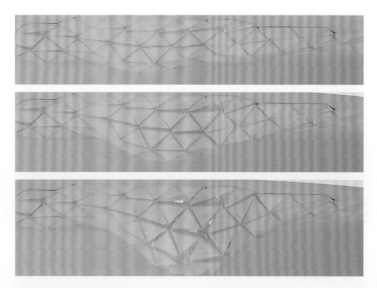

图5.32 表皮形变过程

5.4.4 硬件技术

动态仿生通气表皮结构是通过将形变点进行拉伸产生形变，所以采用电动伸缩杆来作为驱动，推拉折叠结构，使折叠出气口区域外漏，达到形变通气效果。电动伸缩杆是一种直线形驱动器，由推杆以及控制器组成，通过转换控制器的正负极来实现伸长、收缩的动作。驱动电路所用装置及程序如图5.33所示。

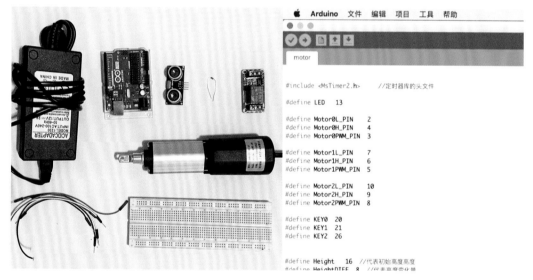

图5.33 驱动电路所用装置及程序

由于动态仿生通气表皮需要调整公共场所人群密集程度和出风量之间的关系，需要达到智能化操控，所以还需要通过红外或超生传感器以及二氧化碳检测器等输入信号，通过传感器的计算，将伸缩量反馈至电动伸缩杆上。用继电器来控制电动伸缩杆的伸缩长度。所用元器件如图5.34所示。

模拟抽象动态仿生形变首先需要确定其运动结构，来模拟运动状态。项目组利用了折纸的可塑性，设计单体形

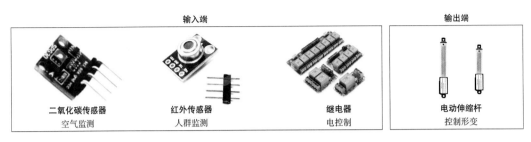

图5.34　所用元器件

态，并排列组合形成仿生感的参数化体系，最终形成折叠
形变结构。经过通气量测试，确定了通气表皮的形式。样
品制作中，折痕区域选取TPU材质，折叠件选取0.1mm亚
克力，加工简易，而且在薄厚度适中的情况下还可以保持
一定量的硬度，经过背胶激光切割后，进行组合，实现折
叠形变的结构。为了实现批量加工，采用凹凸槽打印或装
配模式。如图5.35 ~ 图5.37所示。

图5.35　折叠结构样品制作

图5.36   通气表皮实现形式

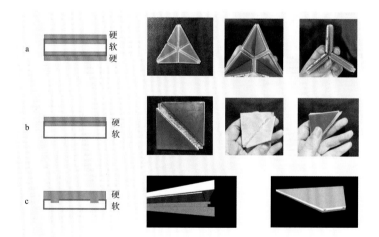

图5.37   软硬结合结构研究

5.4.5   方案表达

作为新型通气产品,造型、产品喻义都应区别于现有的通气设备。将动态仿生的通气表皮的造型与产品的外观结构整合起来,展现一种对于未来智能产品的造型形式创新。而且这种造型设计会给传统造型结构设计注入新的活力。由于该产品是对于动态仿生结构的通气表皮系统设计研究，应用于公共环境中，与人群产生交互，所以在颜色以及造型材质方面都具有极严格的要求。

在造型方面，该产品采用流线型设计。"流线型"起源于空气动力学，用来描述流畅以及圆润的物体外形。流线型的物体在表面没有大的起伏和棱角，所以空气在物体的表面没有乱流，受到的阻力较小。Airflow动态仿生空气护理通气表皮采用流线型外观，以保证产品在通气时功能最优化。如图5.38和图5.39所示。

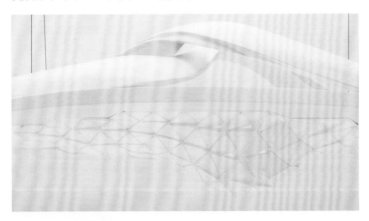

图5.38 实物模型图

图5.39 使用场景图

5.5

自然交互——会思考的灯光Zoe-luminant[●]

本产品旨在探索未来智能照明产品的可能性，通过可变结构和内置传感器，产生创新照明产品动态形态和自然交互方式；光色、形变和音乐的互动为用户带来丰富的视听体验。如图5.40所示。

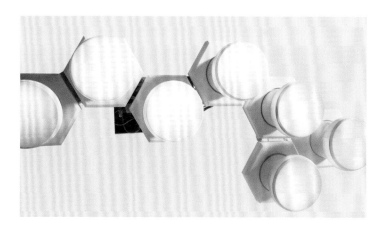

图5.40　会思考的灯光Zoe-luminant

5.5.1　研究背景

随着信息技术的蓬勃发展与人们生活质量的显著提升，

● 作者：杨小敏；指导教师：张帆，杨九瑞；单位：北京服装学院。

全球正掀起新一轮的科技革命和产业变革。在这些新技术和新需求的影响下，智能家居发展迅猛，人们对智能产品的追求不再局限于功能上的满足，而是期待能够增强感官享受和精神需求的产品，注重产品与用户之间的互动性体验。"人性化""智能化""自然化"是人机交互发展的趋势。自然交互即让机器能够通过观察人类的动作、聆听人类的声音，理解人类的指令，更加自然地和人类进行交流。

人工智能物联网（简称 AIoT）通过 AI 技术和 IoT 技术收集存储信息，再通过大数据分析实现万物智联。5G 技术给物联网的发展带来革命性影响，5AIoT 时代是全连接的生态时代，在这一背景下，智能家居产品将变得更安全、可控和便利。数字化是体验经济的催化剂，在体验经济时代，体验对用户的驱动力远胜过购买商品功能本身，如果商品和服务不具备体验价值，那么商品和服务也将失去购买价值。由于用户迫切的需求和新兴技术的发展，未来产品设计着重于提高其体验价值。传统的单一交互界面带给用户冷漠的感受，这与用户对未来智能温馨、便捷舒适的家居环境的期待背道而驰。如何拉近用户与产品之间的距离、增强用户体验是设计师亟待解决的问题。自然交互主张"自然而然"地解决用户与机器的沟通，减少智能家居系统中人与机器的沟通成本，使智能人性化的家居理念更为深化，从而提高用户的智能家居生活体验（图 5.41）。

本设计项目旨在探讨未来智能家居 2.0 背景下照明体验的可能性。为了适应用户对自然交互体验的迫切需求，在产品形态上打破传统照明产品的固定的、静态的形象，引入"会思考"的拟人化概念，并提出了动态可变结构设计，提升产品交互的智能性、亲和性、沉浸性等。另外，未来照明产品通过传感器感知用户行为、需求，实现多模态交互，如自动跟随、手势控制。如图5.42所示。

图5.41　智能家居趋势研究

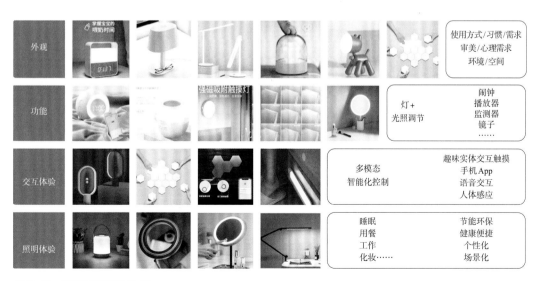

图5.42　智能照明竞品分析

5.5.2 设计思路

为了适应用户对自然交互体验的迫切需求，打破传统用户界面的冷漠感和传统照明产品的桎梏，提升用户体验。未来照明产品通过传感器感知用户需求，在交互体验上更加自然化。结合用户本能的、习惯性的行为，进行手势交互设计，创新交互方式，实现多模态交互体验，降低移动设备所占的交互权重。另外，在产品形态上打破传统照明产品固定的、静态的形象，由此基于技术和需求提出了响应式可动结构。视觉体验不仅限于光和色，通过响应式可动结构增加三维视觉层次。本设计项目旨在为用户呈现未来智能家居照明体验的可能性。

5.5.3 交互原理

5.5.3.1 交互模式设计

项目研究了传统照明、智能照明1.0和智能照明2.0的特征，从情感体验、感官体验和交互体验所对应的产品外观、灯光效果和交互方式三个方面进行了比较分析，并评估用户体验满意度，见表5.1。

表 5.1　三代照明产品用户体验对比分析

照明形式	产品形态	照明效果	交互方式		用户体验
传统照明	并未脱离"灯"的传统形象	满足基本照明需求	单一交互	触控面板	满足最基础的照明需求
智能照明1.0	以技术为亮点	节能、健康、安全	伪智能交互	互联网移动端触控面板	在传统照明的基础上提高了产品的易用性
智能照明2.0	注重视觉体验	个性化、多元化	多通道交互	语音交互手势交互互联网移动端	满足用户个性化、附加值高的需求，旨在综合提高用户体验

照明产品带给用户的感官体验主要是单一的视觉维度，但视觉体验的层次可以更加多样化。通过照明和产品形态两个方面把照明产品的视觉体验划分为两层，并通过拟人化设计丰富照明效果和产品形态。

首先，从"发光"的角度来说，光就是信息，信息以何种方式传播、以何种方式被用户接收能够带给用户亲近感？通过模拟人与人之间的交流方式，让照明产品适应人的交流，即设计人与照明产品的交流"语言"。从人的行为模式出发，将用户熟悉的交流方式映射到灯光的视觉交互界面上。灯光可以由颜色、强弱、频率和时长四个变量构成用户与照明产品的交流"语言"。例如，用户发出"唤醒"指令时，联想到当人被唤醒时的状态：意识不清醒地眨两下眼、揉揉眼睛、看向声音发出者等行为。用户发出"唤醒"命令，灯光可以通过强弱和时长来模拟人类的以上行为：灯光闪烁两次，第一次光照强度弱闪烁时间短，第二次光照强度强闪烁时间较第一次长。可以解读为轻眨了一下眼睛，然后"清醒了过来"，彻底睁开了眼睛。

其次，从"物体"角度来说，行为模式拟人化设计即是把产品当作人来看待，产品受到外界刺激能够引起相应的活动。"活动"即要求产品是可以活动的，能够产生形态结构上的变化。同样是在用户"唤醒"产品这个情境下，人类或许会意识不清醒地眨两下眼、揉揉眼睛、看向声音发出者，那么提取"看向声音发出者"这个动作，模仿人类行为模式的照明产品的活动将会是转向用户、朝向用户。相比灯光和用户在视觉上的交流，产品感知用户的位置会更加复杂，通过红外传感器、雷达传感器等可以实现。交互系统流程如图5.43所示。

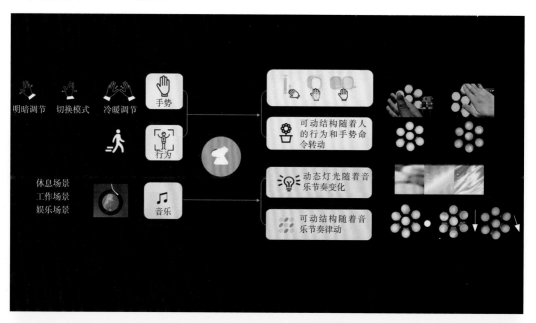

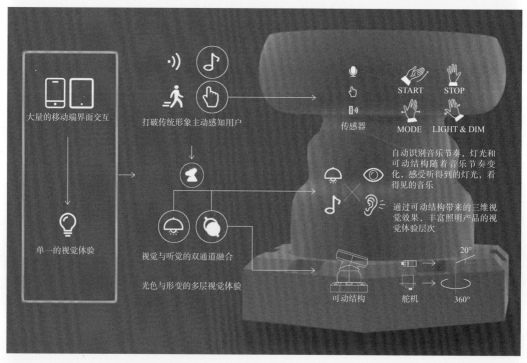

图5.43 Zoe-luminant交互系统流程图

　　理想的自然交互模式就是"用户零负担"。要实现自然交互，交互行为就必须是自然而然的。自然的行为是无意识的，是基于本能和习惯的。因此，从自然行为角度考虑交互手势的设计。根据手势交互设计需符合的认知习惯、减少记忆负担、适应情境等要求，进行了如图5.44所示的交互手势设计探索。

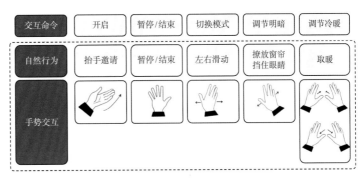

图5.44　交互手势探索

5.5.3.2　响应式可动结构试验

　　调研云台的运转原理后，重新拆解云台的排列方式，以便运用到小型产品内部。结构设计如图5.45所示。试验先通过三维软件模拟，然后通过实物验证设想。

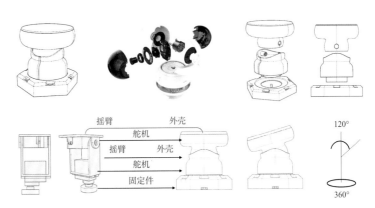

图5.45　结构设计图

5.5.4　硬件技术

产品各单体通过模块化的方式组合，每个单体之间的连接由底座上的卡扣固定。其中，每个单体中有两个舵机通过Arduino模块控制，能够在两个空间垂直的方向上分别旋转360°和60°；Arduino编程和红外传感器、PWM舵机驱动模块、声音传感器等为该产品完成行为模式拟人化提供了软硬件支持。舵机连接至PAC9685控制模块，LED板连接至LED_WIFI_Controller控制模块（包含声音采集功能），PAC9685模块以及LED_WIFI_Controller控制模块连接至Arduino_nano主控模块，Arduino_nano主控模块控制协调LED与舵机，HC–08连接至Arduino_nano主控模块用来接受遥控部分的控制命令。所使用元器件如图5.46所示。

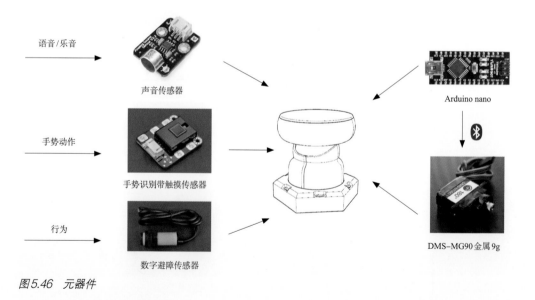

图5.46　元器件

5.5.5　方案表达

外观设计的重点在于能在实现拟人化可动结构且运转不受影响的基础上，还能集约地排列产品内部元器件，并

且产品外观造型和谐，如图5.47和图5.48所示。产品底座
采用六边形设计，便于模块拼接与安装，灯罩采用圆形设
计，制造柔和的空间氛围，如图5.49～图5.51所示。

在打印实物模型前，通过三维软件模拟产品中所有元
器件，以便更好地优化模型的线条、体量和内部结构。确

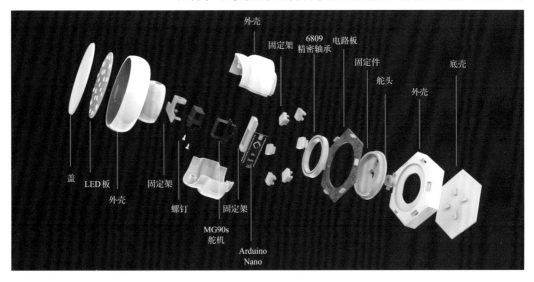

图5.47 产品爆炸图

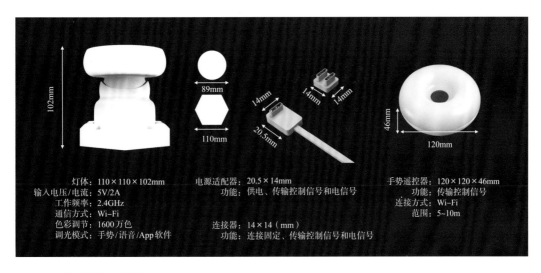

图5.48 产品功能及参数

图5.49　产品效果图

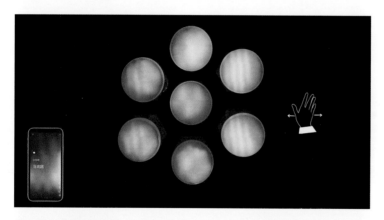

图5.50　交互效果图

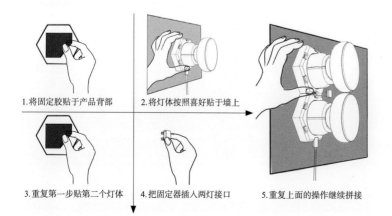

1.将固定胶贴于产品背部　　2.将灯体按照喜好贴于墙上　　5.重复上面的操作继续拼接

3.重复第一步贴第二个灯体　　4.把固定器插入两灯接口

图5.51　产品安装说明

认三维模型符合预期后，进行实物打样。由于装配和可动
结构的反复调整，实物模型经过了4次细节上和结构上的
修改后才确定了最终版的模型。如图5.52和图5.53所示。

图5.52   实物模型装配及细节调整

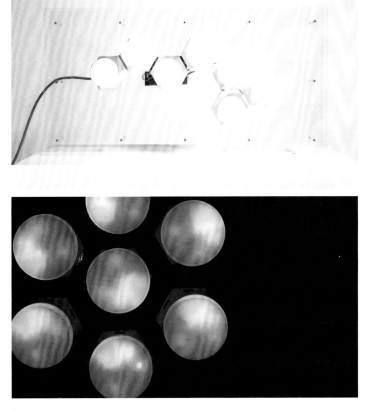

图5.53   产品实拍图

5.6
参考文献

[1] 罗振宇.物联网技术的智能家居系统设计与应用[J].电子世界,2021(19):5-6.DOI:10.19353/j.cnki.dzsj.2021.19.001.

[2] The usage of automation system in smart home to provide a sustainable indoor environment: A content analysis in web 1.0 [J]. International Journal of Smart Home, 2013, 7(4): 47-59.

[3] 张树.智能家居遇到物联网[J].中国公共安全（综合版），2013（16）：54-56.